建設業の立入検査

知識と対策

ハンドブック

行政書士法人 名南経営
行政書士 **大野 裕次郎**
行政書士 **寺嶋 紫乃**

共著

日本法令®

はじめに

　某中古車販売店や某アイドル事務所など、コンプライアンス違反の不祥事に起因する分社化でのリスタートは、皆さまの記憶にも新しいことと思います。これらの事案のように、近年ではコンプライアンス違反で企業が経営破綻に追い込まれてしまう時代です。企業におけるコンプライアンスへの取組みは重要視されるようになってきていると感じます。

　建設業においては、建設工事の品質を確保し、安全な作業環境を提供すること、そして公正な取引を行うことなどがコンプライアンスの一環となります。具体的には、法令遵守のための体制を整え、関連する法令を理解し、それに従って行動することが求められます。

　建設業に関連する法令には、主に次のようなものがあります。
・建設業法
・建築基準法
・宅地造成等規制法
・労働基準法
・職業安定法
・労働安全衛生法
・労働者派遣事業の適正な運営の確保及び派遣労働者の保護等に
　関する法律（労働者派遣法）

　これらの法令のなかでも建設業者が特に意識したいものは「建設業法」です。この法律は「業法」と呼ばれる業種ごとの基本的な事業要件を定める法律の1つです。建設業法には「建設業の許可」や「建設工事の請負契約」「施工技術の確保」など、建設業の営業に関する各種ルールが規定されており、建設業法違反の場合には監督処分や罰則を受ける場合があります。建設業のコンプライアンスへの第一歩は、建設業法の遵守からといっても過言ではありません。

冒頭でも申し上げたとおり、コンプライアンス違反で企業が経営破綻に追い込まれてしまう時代です。これは建設業においても同様です。建設業法に違反すれば、許可取消処分や営業停止処分等の監督処分を受け、会社経営を揺るがす事態となりかねません。これからの時代を勝ち残るのは、コンプライアンス意識の高い建設業者です。

　本書は、コンプライアンスへの取組みが重視されるなかで、少しでも多くの建設業者が建設業法遵守への意識を高めていただけるよう、建設業法における立入検査や監督処分とその周辺知識について、理解しやすいように体系的にまとめて書き上げました。本書が、建設業者にとって、これからの時代の勝ち組となるための一助となれば幸いです。

令和6年6月

行政書士法人名南経営

行政書士　大野裕次郎

目　次

第1章　報告及び検査

第1節　建設業法第31条「検査及び報告」とは……………10
 1　建設業法第31条「報告及び検査」……………11
 2　報告及び検査の対象者……………12
 3　報告及び検査の対象事項……………13
 4　報告及び検査ができる場合……………13

第2節　「報告」及び「検査」の種類と概要……………14
 1　下請取引等実態調査……………14
 2　モニタリング調査……………20
 3　立入検査……………25
 4　その他……………27

第3節　立入検査は何を契機として実施されるのか……………29
 1　各種違反通報窓口への通報……………29
 2　下請取引等実態調査……………35
 3　申請・届出……………35
 4　労働基準監督機関による通報……………37

第4節　立入検査が実施されるまでの流れ……………39
 1　立入検査が実施されるまでの流れ……………39
 2　事前のやり取りから立入検査までの所要期間……………50

第5節　立入検査から行政処分までの流れ……………51
 1　立入検査当日……………51
 2　検　査……………51
 3　検査終了後……………52
 4　結果通知書の受領……………55

第2章 行政処分

第1節　行政処分（監督処分）とは……………62

　1　監督処分の種類……………62

　2　罰　則……………66

第2節　監督処分の種類－指示……………70

　1　指示処分とは……………70

　2　指示処分を受けるケース……………72

第3節　監督処分の種類－営業の停止……………74

　1　営業停止処分とは……………74

　2　営業停止処分を受けるケース（建設業法第28条）
　　……………76

第4節　監督処分の種類－許可の取消し……………77

　1　許可取消処分とは……………77

　2　許可取消処分を受けるケース（建設業法第29条）
　　……………77

第5節　指導、助言及び勧告……………81

　1　指導、助言、勧告とは……………81

　2　行政指導を受けるケース……………83

第6節　監督処分を受けたらできないこと……………85

　1　営業停止期間中に行えない行為……………85

　2　営業停止期間中でも行える行為……………87

　3　許可取消処分を受けた後でも行える行為……………89

第7節　監督処分から逃れることはできるか……………91

　1　監督処分の承継……………91

　2　欠格要件による建設業許可取得の制限……………93

　3　自主廃業の事例……………99

第3章 違反と監督処分基準

第１節　監督処分基準とは……………106

　１　監督処分の基本的考え方……………108

　２　監督処分の対象……………109

　３　監督処分等の時期等……………111

　４　不正行為等が複合する場合の監督処分……………112

　５　不正行為等を重ねて行った場合の加重……………114

第２節　監督処分の基準の基本的考え方……………116

第３節　監督処分の基準の具体的基準……………119

第４節　その他……………128

第4章 検査項目

第１節　施工体制台帳……………132

　１　施工体制台帳とは……………132

　２　作成が求められるケース……………134

　３　施工体制台帳に関する検査項目……………134

第２節　施工体系図……………137

　１　施工体系図とは……………137

　２　作成が求められるケース……………139

　３　施工体系図に関する検査項目……………140

第３節　現場の技術者……………141

　１　監理技術者・主任技術者とは……………141

　２　求められる雇用関係……………142

　３　専任配置義務……………143

　４　技術者に関する検査項目……………145

第4節　見積依頼及び見積り……………146

　1　見積依頼……………146

　2　法定福利費……………148

　3　見積依頼及び見積りに関する検査項目……………149

第5節　工事請負契約書……………150

　1　契約方法と契約時期……………150

　2　契約書に記載すべき事項……………151

　3　契約が追加・変更となった場合……………154

　4　工事請負契約書に関する検査項目……………154

第6節　支払状況……………155

　1　契約額と支払額の関係……………155

　2　支払い手段……………156

　3　支払期間に関するルール……………157

　4　支払状況に関する検査項目……………160

第7節　保管書類……………161

　1　帳　簿……………161

　2　営業に関する図書……………163

　3　保管書類に関する検査項目……………164

第8節　標　識……………165

　1　営業所に掲げる標識……………165

　2　工事現場に掲げる標識……………166

　3　標識に関する検査項目……………167

第9節　無許可業者への下請負……………168

　1　無許可業者とは……………168

　2　建設業許可の確認方法……………170

　3　無許可業者への下請負に関する検査項目……………173

第5章 検査対象書類とその記載ルール

第1節 施工体制台帳の記載方法……………176

  1 施工体制台帳の記載例……………176

  2 作成時のチェックポイント……………176

  3 国土交通省の「施工体制台帳等のチェックリスト」……………184

第2節 施工体系図の記載方法……………189

  1 施工体系図の記載例……………189

  2 作成時のチェックポイント……………192

第3節 現場の技術者に関する事項の確認方法……………194

  1 監理技術者等の資格要件の確認……………194

  2 雇用関係の確認方法……………203

第4節 見積依頼書の確認方法……………206

  1 見積依頼書の記載例……………206

  2 法定福利費の計上……………207

  3 見積期間の確認方法……………208

第5節 工事請負契約書の確認方法……………209

  1 請負契約の締結日……………209

  2 契約書に記載すべき事項……………211

第6節 検査及び引渡しを確認する方法……………213

  1 工事完成から引渡しまでの流れ……………213

  2 完成通知・検査・引渡し確認書の参考様式と記載例……………215

第7節 帳簿の記載内容とその確認方法……………216

  1 帳簿の記載例……………216

  2 帳簿の電子保存……………219

第8節 建設業者（下請業者）の確認方法……………220

1 　再下請負通知書とは…………220

2 　再下請負通知書の記載例…………221

第6章　立入検査を恐れない建設業者になるために必要なこと

第1節　監督処分を受けた建設業者の事例…………226

1 　指示処分…………226

2 　営業停止処分…………235

3 　許可取消処分…………239

第2節　建設業法令遵守マニュアルを作成する…………244

1 　建設業法令遵守マニュアルとは…………244

2 　建設業法令遵守マニュアルの内容…………245

3 　建設業法令遵守マニュアル作成に役立つ資料…………249

第3節　社員のコンプライアンス意識を醸成する研修を行う…………251

1 　研修の内容…………251

2 　研修の実施頻度…………252

3 　行政書士法人名南経営の顧客の事例…………254

第1章

報告及び検査

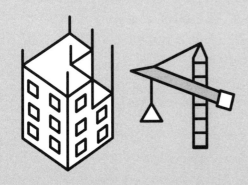

第1節 建設業法第31条「検査及び報告」とは

　行政書士には、独占業務の1つとして、許認可の申請手続の業務があります。行政書士法人名南経営（以下、本書では「当社」という）では、許認可の専門部署を設置しており、なかでも建設業許可の手続きを得意分野としています。そのため、お客様から建設業許可の手続きの依頼が多くあります。

　建設業法では、軽微な建設工事のみを請け負う場合、建設業許可は不要とされています。では、なぜ建設業許可を取得する事業者が多いかというと、建設業許可を取得することでより大きな工事を請け負うことできるようになり、売上の拡大につなげることができるからです。建設業許可は、建設業を営む企業にとって、発展していくためには欠かせないものとなっています。

　しかし、建設業許可の取得は、企業を発展させていくための通過点にすぎません。目的ではなく手段であり、取得してからが本当のスタートです。企業を発展させていくためには、売上の拡大が必要なことはもちろんですが、その前提として事業を継続させることが重要です。

　建設企業の事業の継続を阻む原因として、「業績の悪化」「高齢化」「人手不足」「後継者の不在」など挙げられますが、このような問題を抱えていない企業でも起こり得る原因として、「建設業法違反による罰則や監督処分」があります。具体的には、法令違反をして許可取消処分や営業停止処分を受けることにより、事業の継続が困難になるということです。これはすべての建設企業が気を付けなければならない問題です。

　このような建設業法違反発覚の端緒となるものが、国土交通省や都道府県による「報告及び検査」です。国土交通省の立入検査により、無許可業者との下請契約や、資格要件を満たさない者の主任技術者等としての配置などの建設業法違反が発覚した場合、許可取消処分や営業停止処分を受ける可能性があります。日常から法令遵守を意識して、立入検査を受けたとしても問題のない状態にしておかなければなりません。

　現在、建設業界は「高齢化」「人手不足」「働き方改革」などの課題を抱えており厳しい環境にあります。直近では、働き方改革関連法案による 2024 年 4 月からの建設業への時間外労働の上限規制が始まりました。業界が抱える課題に対しては、法整備による対策が取られることがあります。建設企業が選ばれる企業となり、事業を継続し発展していくためには、法令遵守を徹底していくことが重要です。

1　建設業法第 31 条「報告及び検査」

　国土交通省や都道府県による「報告及び検査」についての規定は以下のとおりです。

（報告及び検査）
第 31 条　国土交通大臣は、建設業を営むすべての者に対して、都道府県知事は、当該都道府県の区域内で建設業を営む者に対して、特に必要があると認めるときは、その業務、財産若しくは工事施工の状況につき、必要な報告を徴し、又は当該職員をして営業所その他営業に関係のある場所に立ち入り、帳簿書類その他の物件を検査させることができる。
（以下省略）

2　報告及び検査の対象者

　まず、注意しておきたいのは、報告及び検査の対象者です。

　建設業許可には、国土交通大臣許可と都道府県知事許可の2種類があります。2以上の都道府県の区域内に営業所を設けて営業をしようとする場合は国土交通大臣許可、1つの都道府県の区域内にのみ営業所を設けて営業をしようとする場合は当該営業所の所在地を管轄する都道府県知事許可が必要です。国土交通大臣許可の場合の許可行政庁は国土交通大臣、都道府県知事許可の場合の許可行政庁は都道府県知事となります。建設業者に対する指示・営業停止・許可取消などの監督処分は、この許可行政庁が行うことになっているのですが、報告や検査においては、そうではありませんので注意が必要です。

　建設業法第31条の規定を見ると、国土交通大臣は「建設業を営むすべての者に対して」、都道府県知事は「当該都道府県の区域内で建設業を営む者に対して」とされています。「建設業を営む者」とは、建設業許可を持たずに建設業を営業する者が含まれます。つまり、国土交通大臣または都道府県知事は、特に必要があると認めるときは、建設業許可の有無にかかわらず、建設業を営む者から報告を徴取し、その職員に立入検査を行わせることができることとされています。

　国土交通大臣の場合は、特に区域の制限なく建設業を営む者であればすべて対象となります。また、都道府県知事の場合は、当該都道府県の区域内で建設業を営む者に限られていますが、当該都道府県の区域内で建設業を営む者であれば、当該都道府県知事許可業者だけではなく、大臣許可業者であろうと他の都道府県知事許可業者であろうと対象になります。

3　報告及び検査の対象事項

次に、報告及び検査の対象事項を確認したいと思います。

「報告」については、「その業務、財産若しくは工事施工の状況につき、必要な報告を徴し」と規定されています。つまり、国土交通大臣や都道府県知事が報告を徴取することができる範囲は、業務・財産・工事の施工状況に関するものに限定されています。

また、「検査」については「当該職員をして営業所その他営業に関係のある場所に立ち入り、帳簿書類その他の物件を検査させることができる」と規定されています。つまり、国土交通省や都道府県の職員が立ち入ることができる場所は、営業所や営業に関係のある場所（工事現場や資材置場、現場事務所）に限定され、検査の対象となる書類は帳簿書類等の書類に限定されています。

4　報告及び検査ができる場合

最後に、どのような場合に報告及び検査をすることができるのかを確認したいと思います。国土交通大臣や都道府県知事は「特に必要があると認めるとき」に限り、建設業を営む者に対して報告の徴取や立入検査をすることができます。「特に必要があると認めるとき」とは、国土交通大臣や都道府県知事が建設業を営む者に対して建設業許可を与えたり、監督処分を下す判断をするときに必要な場合などが考えられます。

第2節 「報告」及び「検査」の種類と概要

ここでは、「報告」及び「検査」にどのような種類があるのかを見ていきたいと思います。あらかじめどのような報告や検査があるかを知ることで、その対策をしておくことが重要です。

1 下請取引等実態調査

下請取引等実態調査とは、建設工事における元請負人と下請負人の間の下請取引の適正化を図るため、下請取引等の実態を把握し、建設業法令違反行為等を行っている建設業者に対して指導等を実施するための調査です。建設業法第31条第1項及び第42条の2第1項の規定に基づき、国土交通大臣及び中小企業庁長官が実施しています。

どのような内容の調査であるか、例として「令和5年度下請取引等実態調査」を取り上げてみます。

(1) 令和5年度下請取引等実態調査

調査対象：全国の建設業者 12,000 業者（大臣許可 1,500 業者、知事許可 10,500 業者）

調査方法：郵送による書面調査

調査期間：令和5年7月26日から令和5年9月8日

調査内容：

・下請負人との見積方法（提示内容、期間、法定福利費、労務費、
　工期）の状況
・下請契約（追加・変更契約を含む。）の締結方法の状況
・下請代金の支払期間・方法の状況
・価格転嫁や工期設定の状況
・発注者による元請負人へのしわ寄せの状況
・元請負人による下請負人へのしわ寄せの状況
・約束手形の期間短縮や電子化の状況
・技能労働者への賃金支払状況　　など

■調査票

《回答を記入する前に必ずお読み下さい》

【留意事項】

1. この調査は、建設業における下請取引等の適正化を図るため、建設業法（昭和24年法律第100号）に基づいて実施するものですので、必ず回答して下さい。

2. 送付物の内容は、①調査票、②令和5年度下請取引等実態調査　参考資料、③返信用封筒です。また、調査票は「Ⅰ元請負人の立場で回答する設問」、「Ⅱ下請負人の立場で回答する設問」、「Ⅲ約束手形についての設問」、「Ⅳ賃金等についての設問」で構成されています。

3. この調査は、令和4年7月1日から令和5年6月30日における、貴社と他の建設会社（元請業者や下請業者）との取引の状況（災害対応等の緊急工事は除く。）について、各設問の回答方法に従って最も当てはまる番号に○印を記入して回答して下さい。下請負人としてのみ取引している場合や、民間工事のみ行っている場合も調査の対象となります。

4. 貴社の回答から、発注者や元請負人等に貴社が特定されるようなことはありませんので、ありのままをご回答頂きますようお願い致します。

5. 調査票には、調査票の記入者を必ず記載して下さい。また、報告に当たっては代表者による回答内容の確認を行って下さい。記載にあたってはボールペンでご記入下さい。

6. ご回答いただく設問は、前の設問で選んだ選択肢によって異なります。設問ごとのガイド（選択肢の後に「⇒」で表示）に従ってご回答下さい。ガイドがない場合は、次の設問にお進み下さい。

7. この調査における「元請負人」「下請負人」の意味については、以下のとおりです。その他、この調査に対して不明な点がある場合には、同封している参考資料3ページ以降に掲載している「よくある質問」を参照して下さい。

通　称	発注者	元請業者	→ 一次下請業者	→ 二次下請業者	→ 三次下請業者
この調査（建設業法）上での呼称		元請負人	→ 下請負人		
			元請負人	→ 下請負人	
				元請負人	→ 下請負人

※下請負人に警備業務、運搬業務、資材の納入売買のみを行っている業者は含みません。

8. 調査票の中には、コードを記入する箇所がありますので、参考資料2ページのコード一覧を参照してご記入下さい。

9. 後日、回答内容について確認させて頂く場合がありますので、ご記入いただいた調査票のコピーを2年間保存して頂きますようお願い致します。

この調査票のみを返信用封筒に入れて　9月　8日（金）（必着）までに郵送して下さい。

1

16

○貴社の会社概要等
※記載内容に誤りがある場合は、二重線で取消し、正しい名称をご記入下さい。

会社名	
所在地 〒	

建 設 業 の 許 可 番 号

大臣・知事	特定・一般	許可番号
		第　　　　　　　　　　号

調査票記入者	※氏名はフルネームで記入して下さい	TEL
部署名	(ふりがな)　氏名	(　　　) 　－

調査票の記入内容について相違ありません。

代表者名

※押印省略
※代表者については、契約締結に関する責任を有する者(支店長、営業部長等)でも結構です

○貴社の主な立場 (最も該当すると思われる番号 1 つに○印を記入して下さい。)
1　元請業者 (発注者 (施主) から工事を請け負っている立場)
2　一次下請業者 (元請業者から工事を請け負っている立場)
3　二次下請業者 (一次下請業者から工事を請け負っている立場)
4　三次以降の下請業者 (二次以降の下請業者から工事を請け負っている立場)

Ⅰ　元請負人の立場で回答する設問　※「貴社の主な立場」に関係なくⅠ-1 (1) から回答して下さい。

発注者 (施主) と契約関係にある元請業者だけでなく、例えば一次下請業者と二次下請業者の間の下請契約における一次下請業者のように、下請への発注があれば、その工事については「元請負人」に該当します。(1ページ　留意事項7参照)

Ⅰ-1　下請負人に工事を発注したことがありますか
(1) 調査対象期間 (令和4年7月1日から令和5年6月30日) において、建設工事 (災害対応等の緊急工事は除く。以下同様) を下請負人に発注した実績はありますか。該当する番号 1 つに○印を記入して下さい。

1　建設工事を下請負人に発注した実績がある　⇒　Ⅰ-1 (2) からご回答下さい
2　建設工事を下請負人に発注した実績がない　⇒　Ⅰ-7 (1) へ (7ページ)

(2) 貴社は1年間に概ね何社と下請取引がありますか。該当する番号 1 つに○印を記入して下さい。

1　10社未満	2　10社以上100社未満	3　100社以上

Ⅰ-2　下請負人との見積や下請代金の決定方法について教えて下さい
(1) 下請負人への見積依頼はどのように行っていますか。該当する主な番号 1 つに○印を記入して下さい。

1　書面で依頼 (メール、FAX を含む)　⇒　Ⅰ-2 (2) へ	
2　口頭で依頼　⇒　Ⅰ-2 (2) へ	3　見積依頼を行っていない　⇒　Ⅰ-3 へ (4ページ)

(2) 下請代金は、どのように決めていますか。該当する主な番号 1 つに○印を記入して下さい。

1　下請負人から見積書を交付させ、下請負人と協議を行った上で決定
2　下請負人から見積書を交付させるが、自社単独で決定

(3) 下請負人に見積依頼する際に提示している内容はどれですか。該当する番号に○印を記入して下さい。(複数回答可)
1　工事内容
2　工事着手の時期及び工事完成の時期
3　工事を施工しない日又は時間帯の定めをするときは、その内容
4　請負代金の全部又は一部の前金払又は出来形部分に対する支払の定めをするときは、その支払の時期及び方法

2

出典：国土交通省「令和 5 年度下請取引等実態調査　調査票」から抜粋
(https://www.mlit.go.jp/totikensangyo/const/content/001491045.pdf)

(2) 令和 5 年度下請取引等実態調査の結果概要

　令和 5 年度下請取引等実態調査では、全国の建設業者 12,000 業者（大臣許可 1,500 業者、知事許可 10,500 業者）が対象となり、調査票の回収は 9,251 業者（回収率 77.1％）でした。

---

(1) 建設業法の遵守状況

○建設工事を下請負人に発注したことのある建設業者（7,613 業者）のうち、建設業法に基づく指導を行う必要がないと認められる建設業者（適正回答業者）は、570 業者（適正回答業者率：7.5％（昨年度：7.7％））であった。

○このうち、「下請代金の決定方法」（98.4％）、「契約締結時期」（98.6％）、「引渡し申出からの支払期間」（97.8％）、「支払手段」（93.7％）などの調査項目については概ね遵守されている状況であった。

○一方、「見積提示内容」（20.6％）、「契約方法」（63.2％）、「契約条項」（46.5％）、「手形の現金化等にかかるコスト負担の協議」（38.1％）など、適正回答率が低い調査項目も見受けられた。

(2) 元請負人による下請負人へのしわ寄せの状況

　元請負人から「不当なしわ寄せを受けたことがある」と回答した建設業者は 1.6％（昨年度：1.4％）で、その内容のうち、主なものは、「指値による契約」（15.9％）、「追加・変更契約の締結を拒否」（14.0％）、「工事着手後に契約」（11.5％）、「下請代金の不払い」（11.5％）だった。

(3) 発注者（施主）による元請負人へのしわ寄せの状況

　発注者から「不当なしわ寄せを受けたことがある」と回答した建設業者は 1.0％（昨年度：1.3％）で、その内容で主なものは、「発注者側の設計図面不備・不明確、設計積算ミス」（15.7％）、

「追加・変更契約の締結を拒否」（14.2％）、「発注者による理不尽な要求・地位の不当利用」（12.7％）、「請負代金の不払い」（9.7％）だった。

（4）法定福利費・労務費の内訳を明示した見積書の活用状況

　下請負人に対し、法定福利費の内訳を明示した見積書の交付を働きかけている元請負人は 69.3％、労務費の内訳を明示した見積書の交付を働きかけている元請負人は 65.2％ だった。また、元請負人に対し、法定福利費の内訳を明示した見積書を交付している下請負人は 77.6％、労務費の内訳を明示した見積書を交付している下請負人は 68.3％ だった。

（5）工期について

　下請負人から工期の変更交渉があった際に変更を認めている元請負人は 90.5％ だった。また、受注者の責によらない事由によって工事の完成が難しいと判断した場合、元請負人に対して工期の変更交渉を行ったことがある下請負人は 83.1％ で、うち施工するために通常必要と認められる工期に変更されたのは 92.2％ だった。

（6）請負代金の額について

　下請負人から請負代金の額の変更交渉があった際に変更を認めている元請負人は 95.2％ だった。また、元請負人との契約書に価格等の変動若しくは変更に基づく請負代金の額又は工事内容の定めがある下請負人は 58.9％ だった。さらに、請負代金の額の変更交渉を行ったことがある下請負人は 56.3％ で、うち変更が認められたのは 87.2％ だった。

（7）約束手形について

　手形期間を 60 日以内（予定も含む）としている建設業者は 77.9％ で、一方、手形期間を 60 日以内とする予定がないと回答した理由としては、「特に理由はないが、現在の手形期間が慣例となっているため」54.3％ が最も多かった。

(8) 技能労働者への賃金支払状況

　賃金水準を引き上げた、あるいは引き上げる予定があると回答した建設業者は89.6%（昨年度：84.2%）だった。賃金水準を引き上げた理由として最も多かったのは、「周りの実勢価格が上がっており、引き上げなければ必要な労働者が確保できないため」55.9%だった。一方、引き上げないと回答した理由としては、「経営の先行きが不透明で引き上げに踏み切れない」46.2%が最も多かった。

出典：国土交通省「令和5年度下請取引等実態調査の結果概要」（https://www.mlit.go.jp/totikensangyo/const/content/001720848.pdf）から引用

　調査後、建設業法令違反行為等を行っている建設業者に対して指導票が送付され、是正措置を講ずるよう指導がなされます。また、未回答業者や建設業法令違反等があり、特に必要がある場合には、許可行政庁による立入検査等の端緒情報として活用されることになります。

2　モニタリング調査

　モニタリング調査とは、適正な請負代金・適正な工期による請負契約の締結、適正な請負代金の支払いを確保する観点から、受発注者間・元請下請間の取引状況、工期の設定状況について、実施される情報収集・調査のことです。なお、モニタリング調査を通じて得られた結果等を踏まえ、必要に応じて、元請業者、発注者に対して事実確認や注意喚起等が行われることもあります。

　どのような内容の調査であるか、例として「令和4年度適正な請負代金の設定及び適正な工期の確保に係るモニタリング調査（元請業者）」を取り上げます。

（1）令和4年度適正な請負代金の設定及び適正な工期の確保に係るモニタリング調査（元請業者）（1.価格転嫁・工期の設定、2.元下取引の適正化）

調査概要：

1．価格転嫁・工期の設定

○前年度、「パートナーシップによる価値創造のための転嫁円滑化施策パッケージ（令和3年12月27日）」を受け、集中取組期間（R4.1〜3）において、原油・資材価格の高騰による影響や、これに対する受注者・発注者の対応等について、各地方整備局等によりモニタリング調査を実施

○継続的に状況等を把握する必要から、今般、令和4年5月から令和5年2月にかけ、同内容のモニタリング調査を実施

2．元下取引の適正化

　適正な請負代金や工期等による契約が締結できる環境を整備するため、標準見積書の活用状況や見積りに基づく協議の状況、請負代金の支払い状況等について、ヒアリング形式でのモニタリング調査を実施

調査対象業者：

　完成工事高上位の建設業者を中心に選定（令和3、4年度の合計229か所）。結果として、令和3年度は完工高1,000億円以上を中心に80か所、令和4年度は完工高1,000億円未満を中心に149か所を実施。

調査対象工事：

　公共・民間問わず、元請として発注者から令和元年度〜4年度中に直接請け負った工事で、中規模案件と言われる「工期が1〜3年程度、工事費が1〜50億円程度のもの（小中学校、大学、公共施設、マンション、病院、ホテル、河川災害復旧工事、道路改良工事など）」を対象。

調査方法：

　調査対象業者から、上記調査対象工事の中から「労務費率の高い工事」や「材料費率の高い工事」を合計 575 件選定し、それぞれの工事の契約を行っている支店等の長や現場所長等に対するヒアリングを令和 4 年 5 月から令和 5 年 2 月に実施。

調査項目：

1. 価格転嫁・工期の設定

①物価等の変動に基づく契約変更条項の有無

②契約金額の変更に係る申出の状況

③契約金額の変更に係る申出を行った際の発注者の対応状況　など

2. 適正な請負代金や工期等による契約が締結できる環境を整備するため、標準見積書の活用状況や見積りに基づく協議の状況、請負代金の支払い状況等について、ヒアリング形式でのモニタリング調査を実施

①下請負人に対する標準見積書の働きかけ状況、②法定福利費の明示状況

③国交省における取組・施策の認知状況　など

（2）調査結果概要

---

　1. 価格転嫁・工期の設定

○発注者との物価等の変動に基づく契約変更条項の有無

　受発注者間の請負契約では、大部分で契約変更条項が規定されている。

○契約金額変更の発注者への申出状況

　対象工事が令和元年〜4 年度であったことから、価格高騰を受けた請負金額の変更申出を要しないものが多くあったため、約 7 割が申出をしなかった。

○契約金額変更の申出を行った場合の発注者の対応

　　価格高騰を受け、請負契約の変更を申し出たところ、受け入れられた（予定を含む）と協議中が約 8 割だった。

○今後の受注に際しての、価格高騰の影響を踏まえた積算状況

　　大部分が、価格高騰の影響を考慮して積算するとしている。

○工期設定に関する協議の状況

　　発注者が工期設定の協議に応じてくれる / 応じてくれないとの回答はそれぞれ半々だった。

2.　元下取引の適正化

○下請業者に対する標準見積書の使用に係る働きかけ状況

　　下請業者に標準見積書の使用を働きかけている元請業者は、15％にとどまり、うち標準見積書が提出されているのは、4％。

○見積書・契約書への法定福利費の明示状況

　　大部分で見積書へ法定福利費が明示されていたが、契約書への法定福利費が明示されていたのは約 7 割だった。

○契約金額に占める法定福利費の割合が著しく低い契約の有無

○大幅な一括値引きの有無

　　契約金額に占める法定福利費の割合が著しく低い契約や端数処理とは思えない大幅な一括値引きがある契約は、それぞれ約 1 割あった。

○施工体制台帳や施工体系図、作業員名簿の作成や記載内容の真正性の確認が十分になされているか。

　　約 2～3 割で施工体制台帳等の作成や記載内容の真正性の確認が十分にされていない。

○下請との物価等の変動に基づく契約変更条項の有無

　　元下間の請負契約では、大部分で契約変更条項が規定されている。

○契約金額変更の下請業者からの申出・相談の状況

　　前年度に比べて、価格高騰を踏まえた請負金額の変更の申

出・相談があった場合は減少。

○契約金額変更の申出を下請業者が行った場合の元請の対応

　価格高騰を受け、下請から請負金額の変更申出をしたが、協議中などの状態が約1～2割あった。

○「工期に関する基準」の認知度

　令和2年7月に中央建設業審議会が作成・勧告した「工期に関する基準」の内容を「知らない」や「聞いたことはあるが、内容はわからない」との回答が32％あった。

○罰則付き時間外労働規制の建設業への適用に関する認知度

　令和6年4月より、建設業にも罰則付き時間外労働規制が適用されることについては、「知らない」や「聞いたことはあるが、内容はわからない」がごく少数あった。

○社会保険の加入確認厳格化に関する認知度

　R2.10から企業・技能者単位での社会保険の加入確認が厳格化されていることは、ほとんどの建設業者が認識済み

○「賃金上昇の実現」、「適切な価格転嫁に向けた適正な請負代金・工期の設定」に関する認知度

　R4.2.28の大臣と建設業4団体との意見交換会で、「概ね3％の賃金上昇の実現」が申し合わせされ、さらに、R4.4.26に適切な価格転嫁に向けた「受発注者間・元請下請間いずれにおいても、適正な請負代金の設定や適正な工期の確保」が要請されたことは、約2割の建設業者が「知らない」、「聞いたことはあるが内容はわからない」と回答した。

出典：国土交通省「令和4年度 適正な請負代金の設定及び適正な工期の確保に係るモニタリング調査（元請業者）」(https://www.mlit.go.jp/totikensangyo/const/content/001602851.pdf) から引用して加工

　調査後は、モニタリング調査対象企業に対して、元請業者において改善すべき事項がまとめられた通知書が送付されています。な

お、ここでいう改善すべき事項とは、すべての調査対象企業に対するものであり、通知書が送付された個別企業に対するものではありません。また、建設業団体や発注者となる各都道府県担当部局、主要民間団体に対しても調査結果が送付されています。

　令和 6 年 4 月から罰則付きの時間外労働の上限規制が建設業に適用されることを踏まえ、令和 5 年度は、労働基準監督署と連携して、適正な工期の確保に特化したモニタリング調査が実施されました。具体的には、地方整備局等が実施する工期に関する詳細なモニタリング調査に労働基準監督署が同行し、同署から罰則付きの時間外労働の上限規制の周知等訪問支援を行うことにより、長時間労働の是正に向けた自主的な改善を促すというものです。モニタリング調査は、そのときの建設業界を取り巻く状況を踏まえて実施されることが多い調査であるということを覚えておくとよいでしょう。

3　立入検査

　立入検査とは、国土交通省や都道府県の職員により行われる建設業を営む者に対する検査のことです。国土交通省や都道府県の職員が、営業所や営業に関係する場所（工事現場や資材置場、現場事務所）に立ち入り、帳簿等の書類を検査します。基本的には主たる営業所への立入検査が多いと思います。立入検査は、元請負人と下請負人との対等な関係の構築及び公正かつ透明な取引の実現等が主な目的として行われています。

(1) 検査対象業者

　立入検査の対象は建設業法第 31 条で「建設業を営む者」とされており、建設業者（建設業許可業者）に限定されていません。その

ため、無許可業者であっても対象となります。しかしながら、実態としては、主に次のような建設業者を中心に実施されています。

- ・新規に建設業許可を取得した建設業者
- ・過去に監督処分または行政指導を受けた建設業者
- ・「駆け込みホットライン」等の各種相談窓口に多く通報が寄せられる建設業者
- ・下請取引等実態調査において未回答または不適正回答の多い建設業者
- ・不正行為等を繰り返し行っているおそれのある建設業者

(2) 検査方法

通常は、検査員である国土交通省や都道府県の職員が2名程度で営業所等へ来て、対面で実施されます。都道府県知事許可業者の場合、国土交通省の職員と都道府県の職員が一緒に3〜4名で来るケースもあります。

検査員は、建設業者が準備した資料を検査し、建設業者に対して内容に関するヒアリングも行います。そのため、建設業者は、施工した工事内容や請負契約、下請への支払い等について説明することができる担当責任者を検査に立ち会わせる必要があります。

検査時間は2時間程度です。

(3) 検査事項

立入検査は、元請負人と下請負人との対等な関係の構築及び公正かつ透明な取引の実現等が目的として行われていますので、施工済工事の下請契約に係る見積り、契約締結、下請代金支払の方法及び時期などが検査されることになります。事前に国土交通省や都道府県から準備資料の指定があり、検査当日までに準備をしておくこと

になります。

　準備資料は主に次のとおりです。

> ①　発注者との契約関係書類
> ・契約書（追加・変更分を含む）
> ・検査結果通知書等（完成日、検査日及び引渡日が確認できる書類）
> ・工程表
> ・施工体制台帳及び施工体系図（作成している場合）
> ・配置技術者に必要な資格を有することを証する書類の写し（監理技術者資格者証、合格証等）
> ・発注者からの入金が確認できる会計帳簿等
> ②　下請負人との契約関係書類
> ・見積関係書類（見積依頼書、見積書等）
> ・契約書（注文書・請書の場合を含む。追加・変更分を含む）
> ・検査結果通知書等（完成日、検査日及び引渡日が確認できる書類）
> ・下請負人からの請求書及び下請代金の支払日、支払金額等が確認できる会計帳簿等

　立入検査の結果、建設業法違反が見つかれば、監督処分（指示、営業停止、許可取消）や指導（勧告）の対象となることもあります。

4　その他

　その他、建設業法違反の疑義が生じた建設業者に対して、国土交通大臣や都道府県知事により、報告徴取がなされる場合もあります。

また、よく聞く調査として「建設工事受注動態統計調査」や「建設工事施工統計調査」がありますが、これらの調査は統計法に基づく基幹統計調査であるため、建設業法第31条に基づく報告の徴取に該当するものではありません。

第3節 立入検査は何を契機として実施されるのか

　ここでは建設業者に対しての立入検査が何を契機として実施されているのか、契機となる主なものを見ていきましょう。

1　各種違反通報窓口への通報

(1)　駆け込みホットライン

　駆け込みホットラインとは、国土交通省建設業法令遵守推進本部に設置されている建設業法違反の通報窓口です。主に国土交通大臣許可業者が対象です。駆け込みホットラインに電話をすると、通報者の最寄りの地方整備局等の建設業法令遵守推進本部につながるようになっています。通報者は匿名でも通報が可能で、また、通報者に対して不利益が生じないように情報が取り扱われます。

　駆け込みホットラインに通報された法令違反の疑いがある建設業者には、必要に応じて立入検査等が実施されることになります。

■駆け込みホットラインのリーフレット

出典：国土交通省「駆け込みホットライン」（https://www.mlit.go.jp/
common/001372097.pdf）

■通報時に明らかにすることが望まれている情報

①　通報者の情報（匿名による通報も可能）
　…氏名、住所、電話番号、E-mail
②　違反の疑いがある行為者の情報
　…会社名、代表者名、所在地、建設業許可番号、電話番号、その他
③　違反の疑いがある行為（具体的事実）
　…だれが、いつ、どこで、だれに対して、いかなる方法で、何をしたか、その他

（2）各都道府県の違反通報窓口

　駆け込みホットラインは、主に国土交通大臣許可業者を対象に通報を受け付けている窓口ですが、違反通報窓口は、都道府県知事許可業者を対象とする各都道府県が窓口となります。都道府県の窓口に通報された法令違反の疑いがある建設業者には、必要に応じて立入検査等が実施されることになります。

■都道府県知事許可に関する問い合わせ先

都道府県名	主管課	電話番号	都道府県名	主管課	電話番号
北海道	建設部建設政策局建設管理課	011(231)4111	滋賀県	土木交通部監理課	077(528)4114
青森県	県土整備部監理課	017(722)1111	京都府	建設交通部指導検査課	075(451)8111
岩手県	県土整備部建設技術振興課	019(651)3111	大阪府	住宅まちづくり部建築振興課	06(6210)9735
宮城県	土木部事業管理課	022(211)3116	兵庫県	県土整備部県土企画局総務課建設業室	078(341)7711
秋田県	建設部建設政策課	018(860)2425	奈良県	県土マネジメント部建設業・契約管理課	0742(22)1101
山形県	県土整備部建設企画課	023(630)2658	和歌山県	県土整備部県土整備政策局技術調査課	073(432)4111
福島県	土木部技術管理課建設産業室	024(521)7452	鳥取県	県土整備部県土総務課	0857(26)7347
茨城県	土木部監理課	029(301)1111	島根県	土木部土木総務課建設産業対策室	0852(22)5185
栃木県	県土整備部監理課	028(623)2390	岡山県	土木部監理課建設業班	086(226)7463
群馬県	県土整備部建設企画課	027(223)1111	広島県	土木建築局建設産業課建設業グループ	082(228)2111
埼玉県	県土整備部建設管理課	048(824)2111	山口県	土木建築部監理課建設業班	083(933)3629
千葉県	県土整備部建設・不動産業課建設業班	043(223)3110	徳島県	県土整備部建設管理課	088(621)2519
東京都	都市整備局市街地建築部建設業課	03(5321)1111	香川県	土木部土木監理課契約・建設業グループ	087(831)1111
神奈川県	県土整備局事業管理部建設業課	045(313)0722	愛媛県	土木部土木管理局土木管理課	089(941)2111
新潟県	土木部監理課建設業室	025(285)5511	高知県	土木部土木政策課	088(823)1111
山梨県	県土整備部県土整備総務課建設業対策室	055(237)1111	福岡県	建築都市部建築指導課	092(651)1111
長野県	建設部建設政策課建設業係	026(232)0111	佐賀県	県土整備部建設・技術課	0952(25)7153
富山県	土木部建設技術企画課	076(431)4111	長崎県	土木部監理課	095(894)3015
石川県	土木部監理課建設業振興グループ	076(225)1111	熊本県	土木部監理課	096(333)2485
岐阜県	県土整備部技術検査課	058(272)1111	大分県	土木建築部土木建築企画課	097(536)1111
静岡県	交通基盤部建設業課	054(221)3058	宮崎県	県土整備部管理課	0985(26)7176
愛知県	都市整備局都市基盤部都市総務課	052(954)6502	鹿児島県	土木部監理課	099(286)2111
三重県	県土整備部建設業課	059(224)2660	沖縄県	土木建築部技術・建設業課	098(866)2374
福井県	土木部土木管理課	0776(21)1111	—	—	—

出典：国土交通省「都道府県知事許可に関する問い合わせ先」（https://www.mlit.go.jp/totikensangyo/const/1_6_bt_000088.html）

　例えば、鹿児島県の場合、土木部管理課に「鹿児島県建設業法ホットライン」という窓口を設置しています。通報された情報に関して、次のとおりの対応をするとされています。

　1　関係書類の調査や必要に応じて、関係者からの事情聴取又は建設業法に基づく立入調査を行います。

　　公共工事施工に係る通報の場合は、各発注機関に連絡し、必要な調査を依頼します。

　2　建設業法違反が明らかになった場合は、違反事案により是正指導、監督処分、指名停止、公正取引委員会への通報等を行います。

出典：鹿児島県「鹿児島県建設業法ホットライン」(http://www.pref. kagoshima.jp/ah01/infra/tochi-kensetu/kensetu/hotline.html)

(3) 建設業フォローアップ相談ダイヤル（旧：新労務単価フォローアップ相談ダイヤル）

　発注者には言いにくいことや、公共工事の施工現場で事業者が直面する困難な実態等について、元請業者、下請業者等様々な立場の事業者から現場の生の声を聞くことを目的として設置されている相談窓口です。全国10の地方整備局等に設置されています。

　駆け込みホットラインと比べると、通報窓口というより相談窓口というイメージに近い印象です。

　提供された相談や情報については、法令違反またはそのおそれがある等の場合に発注者等に情報提供を行うこと等により見直しの促進を図るほか、「建設業法令遵守推進本部」が端緒情報として取り上げ、当該建設業者への立入検査等をするかどうかの判断をするとされています。また、運用指針に基づく発注関係事務の実施状況のフォローアップにも活用するなど、各種施策の検討の参考にするとされています。

■建設業フォローアップ相談ダイヤル

建設業フォローアップ相談ダイヤル

～将来にわたる品質確保とその担い手の中長期的な育成・確保に向けて～

　国土交通省では、品確法の運用指針の趣旨の現場への浸透や適切な受発注者関係の構築に向け、「品確法の運用指針」や「新労務単価」、「建設業における社会保険加入対策」、「資機材価格の高騰等による価格転嫁」などの相談を総合的に受け付ける窓口を開設し、元請事業者、下請事業者、技能労働者など、様々な立場の皆さんの現場の生の声や情報を聞かせていただいてきたところです。

　令和元年12月24日より、メールの受付アドレスが変更になっております。本リーフレットのアドレスをご利用ください。

品確法 運用指針、
新労務単価、社会保険加入対策等
建設業に関する様々な相談を受け付けます！

TEL. ナビダイヤル® **0570-004976**
マル マル ヨ ク ナ ロウ

ナビダイヤルの通話料は発信者の負担となります。

受付時間 10:00－12:00　13:30－17:00
（土日・祝祭日・閉庁日を除く）

国 土 交 通 省
不動産・建設経済局　建設業課

出典：国土交通省「建設業フォローアップ相談ダイヤルリーフレット【R4.4改定】」（https://www.mlit.go.jp/totikensangyo/const/content/001321828.pdf）

■建設業フォローアップ相談ダイヤルで受け付けている相談や情報

- ・発注者による「歩切り」の実施、ダンピング対策の未導入など、見直しが必要な実態
- ・公共工事の品質確保の担い手の中長期的な育成・確保といった、品確法の基本理念に関連する様々な現場の取組・実態
- ・受発注者間や元請下請間での資機材価格の高騰等による価格転嫁の実態　など

2　下請取引等実態調査

　下請取引等実態調査とは、下請取引等の実態を把握し、建設業法令違反行為等を行っている建設業者に対して指導等を実施するための調査です（第1節14ページ参照）。

　調査の結果、建設業法令違反行為等を行っている建設業者に対しては指導票を送付し、是正措置を講ずるよう指導が行われます。また、未回答業者や建設業法令違反等がある建設業者に対して、特に必要がある場合には、許可行政庁による立入検査等の端緒情報として活用されます。

3　申請・届出

　申請・届出とは、建設業許可申請や変更届出などの建設業許可に関する手続きのことです。建設業者が許可行政庁に対して申請や届出をして、審査の過程で内容に疑義が生じた場合、許可行政庁から確認や報告が求められる場合があり、必要に応じて営業所への立入

検査が実施されることもあります。

例えば、次のような事項に対する疑義が考えられます。

・経営業務の管理責任者としての経験

・経営業務の管理責任者の常勤性

・専任技術者の実務経験

・専任技術者の常勤性

・営業所の実態　など

▼建設業許可事務ガイドライン

【第5条及び第6条関係】

3. 国土交通大臣又は都道府県知事が必要と認める書類（規則第
4条第2項）について

(1)（2)省略

(3) 国土交通大臣の許可に係る許可要件等の確認について

　　許可等をするに当たっては、申請又は届出に係る常勤役員
等及び常勤役員等を直接に補佐する者（規則第7条第1号）
及び専任技術者等が、法に規定する要件に適合しているか否か
等を確認する必要があるので、次の①から③に掲げる方法によ
り、その確認を行うこととする。

　　また、必要に応じ、法第31条第1項の規定に基づく営業所
への立入検査等を実施し、不正又は虚偽が認められる場合は、
許可の拒否・取消をもって臨むなど、厳正な運用に努めること
とする。

(以下省略)

4　労働基準監督機関による通報

　労働基準監督機関による事業場に対する監督指導（臨検監督）の結果、労働基準法第 24 条違反（賃金不払）等が認められ、当該違反の背景に元請業者による建設業法第 19 条の 3（不当に低い請負代金の禁止）等に違反する行為が存在しているおそれのある事案を把握した場合、下請業者の意向を踏まえつつ、国土交通省に当該事案を通報するという制度です。

　厚生労働省から通報を受けた国土交通省は、元請業者に対し立入検査等の対応を実施し、厚生労働省に対して、その処理状況等について一定期間ごとに報告をするという仕組みになっています。

■臨検監督の種類

・定期監督
　…労働基準監督機関が選んだ企業を対象に、定期的に実施されるもの
・申告監督
　…労働者から申告を受けた場合に実施されるもの
・災害時監督
　…労働災害が発生した場合に実施されるもの
・再監督
　…是正勧告されている企業に対して再度実施されるもの

■通報制度の概要

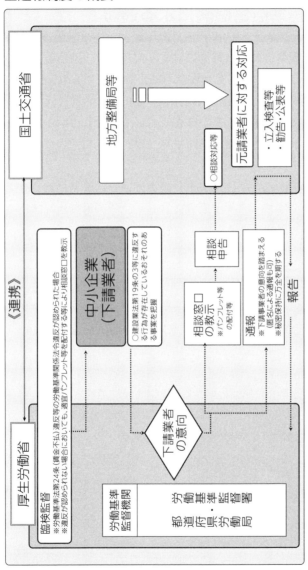

出典：厚生労働省「建設業における下請取引の適正化に関する通報制度について」（https://www.mhlw.go.jp/bunya/roudoukijun/dl/taiou_b.pdf）

第4節 立入検査が実施されるまでの流れ

　ここでは、立入検査が実施されるまでの流れを見ていきます。実際に当社の行政書士が同席した愛知県知事許可保有の建設業者のケースを参考に紹介します。

1 立入検査が実施されるまでの流れ

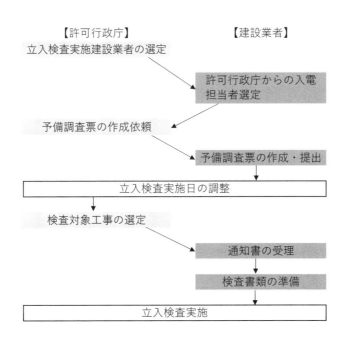

（1）許可行政庁からの入電

　立入検査は、飛込みで行われるものではありませんので安心してください。まず、許可行政庁の職員から建設業者に「建設業法に基づく検査」の件で電話連絡が入ります。この時点では、立入検査の日時や対象工事等の詳細は決まっていませんが、この連絡が入ると立入検査が行われることが確実となります。

　その後、建設業者は今後職員とやりとりをする社内担当者を選定し、担当者名とその連絡先（基本的にはメールアドレス）を職員へ伝えます。建設業者の担当者の選定について特に決まりはなく、職員からの連絡を受けられる人なら誰でも構いません。

（2）予備調査票の作成・提出

　職員から「予備調査票」を作成し提出するように書面にて依頼があります。予備調査票には、①施工が完了している工事の実態と②見積り・下請代金の支払いに関する事項を回答します。

　①には、元請工事として施工した工事の請負金額、配置技術者、工事内容、一次下請業者数、一次下請との契約金額の内訳とその合計、一次下請業者の建設業許可番号等を記載します。記載すべき工事は、抽出する期間が指定されるためその期間内に工事が完了したもので、かつ、一次下請業者への支払いも完了している工事になります。公共工事と民間工事の区別なく、請負金額の大きい工事から４件抽出します。この抽出作業は建設業者が行います。

　抽出した工事を調査票に記入する際には、一次下請業者との契約金額の内訳とその合計に誤りがないように注意してください。ここに記入した金額は、立入検査当日に差異がないかが確認されるためです。

　また、一次下請業者として記載するのは、建設工事の請負契約を

締結した建設業者に限ります。つまり、建設業許可業者に限らず、建設工事の請負契約を締結した事業者は記載対象となります。一方、資材の運搬を依頼した運送業者や警備を依頼した警備業者は、建設工事の請負契約を締結していないため対象外となり、この調査票には記載不要です。

　②には、下請業者への見積依頼の方法と見積期間の設定、及び下請業者への支払方法や支払日等の支払状況を回答します。たとえ法令遵守ができていない項目があったとしても、虚偽の回答をせずに実態に即した回答をする必要があります。この回答は、立入検査当日に書面やヒアリングにて回答のとおりであるか確認が行われるためです。

　予備調査票の提出には期限が設けられていますので、期限内に回答できるよう作成をしてください。

■予備調査票の提出に関する依頼書（愛知県の例）

愛知県都市・交通局都市基盤部都市総務課長

立入検査に係る予備調査票の提出について（依頼）

　本県では、建設業法（昭和24年法律第100号）等の法令遵守、建設工事の請負契約の適正化及び下請代金等の支払の適正化を図るため、建設業法第31条第1項の規定に基づく立入検査を国土交通省と合同で実施しております。

　このたび、貴社の建設業における下請取引等について実態を把握するため、貴社に対する検査を下記のとおり実施することといたしました。

　ご多忙のところ誠に恐縮ですが、ご協力のほどよろしくお願いします。

記

1　検査の概要
　　別紙、「建設業立入検査の実施について（概要）」のとおりです。
2　実施日時及び対象工事
　　3の「予備調査票」を参考に、実施日時及び対象工事等を決定後、改めて通知いたします。
3　予備調査票の提出について
　　検査実施にあたり、事前に予備調査票を提出いただきます。必要事項を記載し、期日までに提出してください。
　（1）提出期限
　　　【予備調査票1、2、3】

　（2）提出先
　　　メールにて、下記アドレス宛に提出してください。
　　　E-mail：

＜建設業法抜粋＞
（報告及び検査）
第三十一条　国土交通大臣は、建設業を営むすべての者に対して、都道府県知事は、当該都道府県の区域内で建設業を営む者に対して、特に必要があると認めるときは、その業務、財産若しくは工事施工の状況につき、必要な報告を徴し、又は当該職員をして営業所その他営業に関係のある場所に立ち入り、帳簿書類その他の物件を検査させることができる。
2以下　略

　　　　　　　　　　　　担当　建設業・不動産業室
　　　　　　　　　　　　　　　建設業第一グループ
　　　　　　　　　　　　電話

■予備調査票（愛知県の例）

【予備調査票1】施工済工事に係る実態調査票（その1）

◎ 下記に従って貴社が施工した工事を4件選定し、工事の詳細についてご記入願います。

【記載する工事の優先順位】
① 元請工事として発注者から受注し、下請工事を注文している工事
② 令和5年4月以降に工事が完了しているもの（なければそれ以前のものを記載してください）
③ 一次下請業者への代金の支払いが完了しているものを優先してください
④ 本社にて契約を結んだものを優先してください
⑤ 請負金額の大きいものを優先してください
⑥ 共同企業体（JV）で受注した工事は除外してください

※請負金額は消費税込みの金額を記入下さい。
下請業者は「建設工事の請負契約」の締結者とし、「警備」「資材の売買」等は含めないで下さい。

記載例	工事名	注文者	請負金額（最終）	工期（最終）	元請下請	監理技術者主任技術者氏名	工事内容	一次下請業者数	一次下請との契約金額合計
記載例	令和4年度○○○○工事	中部地方整備局	73,500,000	R4.4.1～ R4.9.30	元請下請	○○○○	土木（法面工事）	5社	36,750,000
1									
2									
3									
4									

許可番号：

住　所：

会　社　名：

代表者（役職・氏名）：

【予備調査票2】 施工済工事に係る実態調査票（その2）

◎ その1で選定した工事の一次下請業者について、契約金額の多い順に5社記入願います。
一次下請業者は「建設工事の請負契約」の締結者とし、「警備」「資材の売買」等は含めないで下さい。
※下請業者は「建設工事の請負契約」の締結者とし、「資材の売買」等は含めないで下さい。

工事名		一次下請業者名	工事内容	契約金額（税込）	契約工期	建設業許可番号	協力会社
（記載例）令和4年度 ○○○○工事	1	○○土建（株）	土工	10,500,000	R4.6.2～R4.7.30	大臣　11111	
	2	（株）△△建設	鉄筋工、型枠工	8,450,000	R4.7.8～R4.8.30	愛知　22222	○
	3	（株）□□電気	構内電気設備	5,250,000	R4.6.20～R4.9.20	神奈川　33333	○
	4	（有）××組	足場等仮設工	3,150,000	R4.5.8～R4.9.2	無許可	
	5	◇◇建設	重量物運搬配置	2,100,000	R4.6.3～R4.6.30	不明	
1	1						
	2						
	3						
	4						
	5						
2	1						
	2						
	3						
	4						
	5						
3	1						
	2						
	3						
	4						
	5						
4	1						
	2						
	3						
	4						
	5						

【予備調査票3】見積手続、下請代金の支払状況、標準見積書の活用状況など

1．貴社における下請業者との見積手続き、下請代金支払状況について記載願います。

　※各項目で、該当する回答のチェックボックス（□）をクリックし、チェックを入れて下さい。
　　また、日数等（着色部）については各欄に記入下さい。

（1）下請業者との見積手続き

社内規則	□ 有 ・ □ 無
見積依頼 （当初）	□ ①書面により依頼 □ ②口頭により依頼 □ ③行っていない
見積依頼 （追加・変更）	□ ①書面により依頼 □ ②口頭により依頼 □ ③行っていない
見積期間 （当初）	□ ①法令に基づき金額毎に期間設定 □ ②社内規定による期間設定　（　　　　　　　　日間） □ ③期間設定なし
見積期間 （追加・変更）	□ ①法令に基づき金額毎に期間設定 □ ②社内規定による期間設定　（　　　　　　　　日間） □ ③期間設定なし

（2）下請代金支払状況

	締切日		支払日	
現金の締切日 及び支払日	□ 当月・□ 翌月・□ 翌々月 日締め		□ 当月・□ 翌月・□ 翌々月 日支払	
	（締め切り猶予　　　　　　　　　　　　日まで）			
	（締切日から支払日までの期間　　　　　日間）			
	社内規則	□ 有 ・ □ 無		
手形の締切日 及び振出日	締切日		振出日	
	□ 当月・□ 翌月・□ 翌々月 日締め		□ 当月・□ 翌月・□ 翌々月 日振出	
	（締切日から振出日までの期間　　　　　日間）			
	（振出日から決済日までの期間　　　　　日間）			
	社内規則	□ 有 ・ □ 無		
現金比率	（材エ一式が含 まれる場合）	現　金	％ ～	％
		手　形	％ ～	％
	（労務費）	現　金	％ ～	％
		手　形	％ ～	％
	社内規則	□ 有 ・□ 無		
出来高払	毎月の出来高の　　　　　　％　　　（保留金　　　％）			

(3) 立入検査実施日の調整

　立入検査は2時間から3時間程度で、午前か午後の時間帯に行われます。実施候補日は、建設業者からいくつか提示をして、そのなかから職員が実施日を決定します。候補日を挙げる際には、請負契約、支払い、技術者の配置等、建設工事に関する事項の説明のできる人が立入検査当日に立ち会えるようにしてください。

(4) 検査対象工事の選定

　(2) の予備調査票をもとに、検査対象工事を2件選定します。選定基準は明確になっていませんが、次の基準で選定される傾向にあります。

〈工事の選定基準〉

> ・公共工事があれば必ず公共工事が選ばれる
> ・民間工事の場合には、一次下請業者への発注金額の合計が大きい工事が選ばれる
> ・一次下請業者の数が多い工事が選ばれる

　この基準に該当する工事の場合、「施工体制台帳」や「施工体系図」の作成義務が発生する可能性が高くなります。「施工体制台帳」や「施工体系図」については第4章で取り上げるためここでの説明は割愛しますが、これらの書類は検査の準備書類になっています。つまり、検査の際に作成しているか、また、その内容に問題がないかをチェックされるため、作成の可能性がある工事を検査対象として選定する傾向にあります。

(5) 検査書類の準備

　立入検査は、検査対象工事を選定し、加えて、検査をする書類まで指示があります。指示された書類を立入検査当日までに準備しておけばよいということです。

　具体的な検査書類は次のとおりです。

【発注者との契約関係等の書類】

・契約書（追加・変更契約分を含む）

・検査結果通知書等（工事の完成日、検査日及び引渡日が確認できる書類)

・工程表

・施工体系図

・施工体制台帳（添付書類、再下請負通知書を含む）

・配置技術者に必要な資格を有することを証する書類（監理技術者資格者証、合格証書等の写し）

・発注者からの入金が確認できる会計帳簿等

【下請負人との契約関係書類】

・見積関係書類（見積依頼書、見積書等）

・契約書（注文書・請書の場合を含む。追加・変更契約分も含む。）

・検査結果通知書等（工事の完成日、検査日及び引渡日が確認できる書類)

・下請負人からの請求書、下請代金の支払日及び金額等が確認できる会計帳簿等

※原則、すべての一次下請業者に関する書類を準備しますが、検査を行う許可行政庁の指示により下請金額の大きい一次下請業者 2 社に関する書類のみ準備する場合もあります。

■立入検査に関する通知書（愛知県の例）

愛知県知事 ████████

建設業法第３１条第１項に基づく立入検査について（通知）

　本県では、建設業法（昭和２４年法律第１００号）等の法令遵守、建設工事の請負契約の適正化及び下請代金等の支払の適正化を図るため、建設業法第３１条第１項の規定に基づく立入検査を国土交通省と合同で実施しております。
　このたび、貴社に対し同検査を下記のとおり実施することとしましたので、ご協力いただきますようお願いします。

記

1　実施日時　　████████████████

2　実施場所　　貴社████████████████

3　検査員　　愛知県 都市・交通局 都市基盤部 都市総務課 建設業・不動産業室　職員
　　　　　　　　　　　　　　　　　　　　　　　　　　　　　　（２名程度）
　　　　　　中部地方整備局 建政部 建設産業課 職員（１名）

4　検査対象工事名等

	工事名	貴社請負代金	工期	注文者
①	████████	████ 円	████	████
②	████████	████ 円	████	████

5　検査内容
（１）下請契約に係る見積・契約締結・下請代金支払の方法及び時期等について
（２）技術者の配置等について

6　検査立会者
　　貴社の行った請負契約・支払、技術者の配置等について説明が行える貴社の担当責任者

7　検査書類等

　　検査にあたって、次の関係書類をご準備願います。

　　また、検査当日に写しの提出を求めることがありますので、可能な限り提出していただきますようお願いします。なお、提出していただいた関係書類は、当該検査における確認以外に使用することはありません。

● 発注者との契約関係等書類
　・契約書（追加・変更分を含む）
　・検査結果通知書等（完成日、検査日及び引渡日が確認できる書類）
　・工程表
　・施工体系図
　・施工体制台帳（添付書類、再下請通知書を含む）
　・配置技術者に必要な資格を有することを証する書類（監理技術者資格者証、合格証書等）の写し
　・発注者からの入金が確認できる貴社の会計帳簿等

● 下請負人との契約関係等書類
　「4　検査対象工事名等」に係る、下表の一次下請業者に関する以下の書類
　・見積関係書類（見積依頼書、見積書等）
　・契約書（注文書・請書の場合を含む。追加・変更分も含む）
　・検査結果通知書等（完成日、検査日及び引渡日が確認できる書類）
　・下請負人からの請求書、下請代金の支払日及び金額等が確認できる会計帳簿等

担当　都市・交通局都市基盤部都市総務課
　　　建設業・不動産業室
　　　建設業第一グループ
電話

2 事前のやり取りから立入検査までの所要期間

　当社の顧問先の事例では、立入検査に関する最初の連絡から、最短で1ヶ月、概ね3ヶ月程度で立入検査が実施されています。検査の実施件数によっては、検査実施日程の調整に時間がかかることもありますが、検査の実施自体がなくなることはありません。無駄に先延ばしにしないようにしてください。

第 5 節　立入検査から行政処分までの流れ

　ここでは、立入検査当日から検査結果が確定し行政処分が行われるまでの流れを見ていきます。

1　立入検査当日

　立入検査は、2〜3名の検査員（許可行政庁等の職員）により実施されます。最初は名刺交換や挨拶などが行われますが、その後すぐに検査が始まるため、検査対象工事に関する書類等は事前に検査会場へ準備しておく必要があります。会場は、建設業者の営業所（建物内）のどこでも構いませんが、通常業務に支障が出ないように会議室や打合せスペース等を確保するとよいでしょう。

2　検　査

　立入検査の進め方は検査員によって異なります。当社がこれまで見てきたやり方は、準備された書類だけを見て確認作業をする方法や1つずつ書類を確認し都度ヒアリングを行う方法、書類を一通り見るまで担当者の離席をOKとする方法等、様々です。検査が行われている間、担当者は検査員の指示に従ってください。

　しかし、検査でチェックする項目は決まっています。詳細なチェック項目は第4章で取り上げますが、検査員によって差が生じ

ないようにするためチェック項目が定められています。

　検査が進んでいくと、検査員から「この書面を印刷（コピー）してほしい」と依頼されることがあります。時間内に詳細まで確認できない書類や、持ち帰って内部で検討する必要性がある場合に、書類印刷を依頼される傾向があります。印刷の依頼がある場合、技術的に印刷ができない等の理由がない限り拒否することはできません。

　また、場合によっては、事前に指定されていなかった書類を検査員から追加で要求されることがあります。準備した書類だけでは判断ができない場合や、準備されていた書類が指定されたものと異なっていた場合です。そのような場合は焦らずに書類を探す等の対応をしてください。

　検査中の重要なポイントは、「虚偽の発言をしない」ということです。検査員から必ずヒアリングがありますが、その際に建設業法違反を恐れ、取り繕うことやうやむやな回答をしてしまうことは決してしないでください。検査員は、明確でない事項や疑義がある事項をはっきりさせるためにヒアリングを行っています。

　検査員は、建設業法に精通しており、また、建設業法違反として多く見受けられるケースも把握しています。中途半端な回答によって事態を悪化させないためにも、実態に即した回答をするようにしてください。

3　検査終了後

　立入検査が終わると、「立入検査結果票」が交付されます。それをもとに検査員から検査に関する簡単な講評（説明）がされ検査終了となります。結果票には、検査で見つかった違反項目や改善が必要な項目にチェックが付いています。結果票の右側に「指摘事項

等」がまとめられていますので、違反事項等の内容が確認できるようになっています。ただし、何がどのように違反なのか、改善が必要なのか具体的なことまでは記載されていないため、この時点では各自建設業法等で確認が必要になります。

　検査当日は、結果票を受け取るのみで処分等の有無はわかりません。処分等の判断は内部で検討のうえ決定されるため、後日、書面にて結果通知書が届くまで結果は確定しません。

■立入検査結果票（愛知県の例）

立　入　検　査　結　果　票

会社名 ▉▉▉▉▉▉▉▉▉▉　　　　立入検査日 令和 5 年 ▉ 月 ▉ 日

調　査　項　目		指　摘　事　項　等
施工体制台帳		□ 作成していない。
		□ 作成しているが記載内容に不備がある。
		□ 作成しているが添付書類に不備がある。
施工体系図		□ 作成していない。
		□ 作成しているが記載内容に不備がある。
技 術 者		□ 配置されていない。
		□ 配置されているが要件を満たしていない。
		□ 疑義あり。
		□ 例外規定に該当しない営業所専任技術者が現場に配置されている。
見積依頼・見積	見積依頼書	□ 書面により見積依頼をしていない。
		□ 変更契約時において、書面により見積依頼をしていない。
	見積依頼の内容	□ 具体的な内容を提示していない。
		□ 変更契約時において、具体的な内容を提示していない。
	見積期間	□ 適切な見積期間を設定していない（見積依頼書未作成の場合を含む）。
	法定福利費	□ 法定福利費の内訳明示が見積条件となっていない。
		□ 法定福利費を内訳明示した見積書が提出されていない。
		□ 法定福利費は労務費に見合った金額が計上されていない。
	金額合意	□ 合意のうえで金額を決定していない。
		□ 変更契約時において、合意のうえで金額を決定していない。
		□ 合理的根拠がない値引き額が計上されている。
契約書	契約方法	□ 書面で契約を行っていない。
		□ 少額の場合に書面で契約を行っていない。
		□ 注文書・請書の交付のみ（基本契約書文又は約款の添付なし）。
	契約方法（変更契約）	□ 書面で契約を行っていない。
		□ 少額の場合に書面で契約を行っていない。
		□ 注文書・請書の交付のみ（基本契約書文は約款の添付なし）。
	記載事項	□ 記載内容に不備がある。　※別紙、契約書記載内容の不備事項のとおり。
		□ 変更契約時において、記載内容に不備がある。　※別紙、契約書記載内容の不備事項のとおり。
	契約の時期	□ 工事の着工前に契約を締結していない。
		□ 変更契約時において、工事の着工前に契約を締結していない。
支払状況	代金受取後の支払期間	□ 発注者から支払を受けてから１ヶ月以内に支払われていない。〔　　日後支払い〕
		□ 保留金が、発注者から支払を受けてから１ヶ月以内に支払われていない。〔　　日後支払い〕
	引渡後の支払期間（特定建設業者のみ）	□ 引渡の申出の日から５０日以内に支払われていない。〔　　日後支払い〕
		□ 保留金が、引渡の申出の日から５０日以内に支払われていない。〔　　日後支払い〕
	現金払と手形払の比率	□ 全額手形で支払いをしている。
		☑ 労務費相当分を現金で支払っていない。
	手形期間	□ 手形のサイトが１２０日を超えている。〔手形サイト　　日〕
	契約額と支払額	□ 根拠・合意のない一方的な下請代金の差し引きがある。
		□ 根拠はあるが書面にて合意のない下請代金の差し引きがある。
帳簿・営業に関する図書		□ 適正に整備・保存されていない。
標 識		□ 掲示されていない。
		□ 掲示されているが公衆の見やすい場所でない。
		□ 掲示されているが内容が不十分。
無許可業者への下請負		□ 建設業法第３条第１項ただし書きの軽微な建設工事以上の下請負契約をしている。
その他特記事項		

検査で確認した範囲において、上記のとおり改善すべき事項及び疑義が認められました。
なお、検査内容を持ち帰って精査した結果、上記以外の改善すべき事項及び疑義が判明する場合があります。
疑義事項については引き続き調査を行う場合がありますので、その際にはご協力をお願いします。

令和 5 年 ▉ 月 ▉ 日

愛知県都市・交通局都市基盤部都市総務課建設業・不動産業室

4　結果通知書の受領

　立入検査実施後、2～3週間程度で結果通知書が建設業者に届き、立入検査の結果が確定します。結果通知書は、処分等の種類によって異なります。

　立入検査当日に受領した結果票に何かしらのチェックが付いていた場合、監督処分等の対象になりますが、そのなかで一番多いのは「指導」です。次いで「勧告」があります。「指導」や「勧告」は監督処分に該当しませんが、「建設業法第31条第1項に基づく立入検査の結果について（通知）」という改善に関する通知書面や「勧告書」が届き、改善すべき事項がまとめられています。

　指導や勧告は、監督処分に該当しませんが、今後改善がされない場合には監督処分の対象となる可能性がありますので、業務改善は必ず行うようにしてください。

　一方、監督処分に該当する場合は、指示処分を通知する「指示書」や営業停止処分を通知する「営業停止命令書」があります。これらの書類を受領した場合には、指示や命令のとおり対応する必要があります。

■改善に関する通知書（愛知県の例）

 様

愛知県都市・交通局都市基盤部都市総務課長

建設業法第３１条第１項に基づく立入検査の結果について（通知）

　令和５年１月18日に実施した立入検査につきましては、御多忙中にもかかわらず、御協力いただきありがとうございました。

　検査当日、口頭による指導を行ったところですが、下記事項については、法令違反の疑義が生じておりますので、早急に指導内容の改善を行ってください。

　また、今後とも、建設業法を始めとする関係法令等を遵守のうえ、元請・下請関係の適正化に努めてください。

記

1　下請工事の予定価格の金額が500万円以上5,000万円に満たない工事については、見積期間を中10日以上設けること。
　（建設業法第20条第４項関係、建設業法施行令第６条関係）

2　下請業者と交わした契約書について、建設業法第19条第１項に規定された記載事項について網羅すること。
　（建設業法第19条第１項関係、建設工事に係る資材の再資源化等に関する法律第13条第１項関係）

　　　　　　　　　　　　　　　　　　　　担当　建設業・不動産業室
　　　　　　　　　　　　　　　　　　　　　　　建設業第一グループ
　　　　　　　　　　　　　　　　　　　　電話　██████████

■勧告書（国土交通省中部地方整備局の例）

国土交通省中部地方整備局長

勧　告　書

　貴社に対し、建設業法（昭和24年法律第100号。以下「法」という。）第31条第1項の規定に基づき、立入検査を　　　　　　　　　実施したところ、下記1のとおり、改善を要すべき事項が確認された。
　よって、法第41条第1項の規定に基づき、下記2のとおり、勧告する。

記

1．確認された改善を要すべき事項

　　契約の締結（契約書に記載すべき必要な事項が網羅されていない）

　　　建設工事の請負契約の当事者は、契約の締結に際し、法第19条第1項各号に掲げる事項を記載した書面を作成し、署名又は記名押印をして相互に交付しなければならないとされている（法第19条第1項）。
　　　しかしながら、本立入検査対象工事では、法第19条第1項各号で規定する事項が網羅されていない書面を下請負人への注文書として交付していたことが確認された。

2．勧告内容

（1）請負契約の締結に際して当事者間で相互に交付すべき書面には、法第19条第1項各号に掲げる事項を記載すること。
　　　なお、注文書及び請書の交換により契約を締結する場合は、当事者間で署名又は記名押印をした基本契約書の相互交付又は当事者間であらかじめ同意した内容の基本契約款の添付等を要するが、この場合の基本契約書又は基本契約款についても、法第19条第1項各号に掲げる事項のうち、注文書及び請書に記載する事項以外の事項を記載すること。

（2）以下の事項について必要な措置を講じること。

　　①　本勧告の内容について、役職員に対し速やかに周知徹底すること。

　　②　法及び関係法令に対する遵守意識を徹底するための研修及び教育に関する計画を作成し、役職員に対して当該研修等を継続的に実施すること。

　　③　適正な営業活動が行われるよう業務運営方法の調査・点検を行うとともに、社内の業務管理体制の整備・強化を図ること。

（3）上記（1）及び（2）に掲げる事項について講じた措置（これ以外に講じた措置がある場合には当該措置を含む。）を文書にて報告すること。

■指示書（国土交通省関東地方整備局の例）

国土交通省関東地方整備局長

指 示 書

　建設業法（昭和２４年法律第１００号）第２８条第１項の規定に基づき、別紙理由書記載の理由により、下記のとおり指示する。

　なお、この処分に不服があるときは、この処分があったことを知った日の翌日から起算して３月以内に、国土交通大臣に対して審査請求をすることができる（この処分があったことを知った日の翌日から起算して３月以内であっても、審査請求は、処分があった日の翌日から起算して１年を経過したときは、することができない。ただし、正当な理由があるときは、この限りでない。）。ただし、正当な理由があるときは、この限りでない。

　また、行政事件訴訟法（昭和３７年法律第１３９号）の定めるところにより、この処分があったことを知った日（当該処分につき審査請求をした場合においては、これに対する裁決があったことを知った日）から６か月以内に国を被告として（訴訟において国を代表する者は法務大臣となる。）、取消訴訟を提起することができる（この処分又は裁決があったことを知った日から６か月以内であっても、取消訴訟は、処分又は裁決の日から１年を経過したときは、提起することができない。ただし、正当な理由があるときは、この限りでない。）。ただし、正当な理由があるときは、この限りでない。

記

1　今回の違反行為の再発を防ぐため、少なくとも、以下の事項について必要な措置を講じること。
　①　今回の違反行為の内容及びこれに対する処分内容について、役職員に速やかに周知徹底すること。
　②　建設業法及び関係法令の遵守を社内に徹底するため、研修及び教育（以下「研修等」という。）の計画を作成し、役職員に対し必要な研修等を継続的に行うこと。
　③　社内の業務運営方法の調査・点検を行うとともに、業務管理体制の整備・強化を行うこと。

2　前項各号について講じた措置（貴社において前項に係る措置以外に講じた措置がある場合には当該措置を含む。）について、文書をもって速やかに報告すること。

■営業停止命令書（国土交通省関東地方整備局の例）

国土交通省関東地方整備局長

営業停止命令書

　建設業法（昭和24年法律第100号）第28条第3項の規定に基づき、別紙理由書記載の理由により、下記のとおり営業の停止を命ずる。
　なお、この処分に不服があるときは、この処分があったことを知った日の翌日から起算して3月以内に、国土交通大臣に対して審査請求をすることができる（この処分があったことを知った日の翌日から起算して3月以内であっても、審査請求は、処分があった日の翌日から起算して1年を経過したときは、することができない。ただし、正当な理由があるときは、この限りでない。）。ただし、正当な理由があるときは、この限りでない。
　また、行政事件訴訟法（昭和37年法律第139号）の定めるところにより、この処分があったことを知った日（当該処分につき審査請求をした場合においては、これに対する裁決があったことを知った日）から6か月以内に国を被告として（訴訟において国を代表する者は法務大臣となる。）、取消訴訟を提起することができる（この処分又は裁決があったことを知った日から6か月以内であっても、取消訴訟は、処分又は裁決の日から1年を経過したときは、提起することができない。ただし、正当な理由があるときは、この限りでない。）。ただし、正当な理由があるときは、この限りでない。

記

1　停止を命ずる営業の範囲
　　①
　　②

2　期間
　　1①について
　　1②について

第2章

行政処分

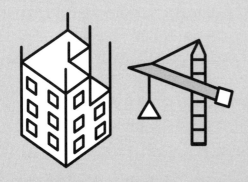

第1節 行政処分（監督処分）とは

　第1章で説明した報告聴取や立入検査により、建設業法に違反する行為があった場合、建設業許可を出している国土交通大臣や各都道府県知事による行政処分（監督処分）の対象となります。ここでは監督処分の概要について説明したいと思います。

1　監督処分の種類

　監督処分には、「指示処分」「営業停止処分」「許可取消処分」の3種類あります。指示処分から許可取消処分へ順に重たい処分となります。

（1）指示処分

　法令違反を是正するために監督行政庁である国土交通大臣や都道府県知事が行う命令のことです。国土交通大臣や都道府県知事は、建設業者が建設業法の規定に違反した場合などは必要な指示をすることができます。

（2）営業停止処分

　国土交通大臣または都道府県知事は、建設業者が建設工事を適切に施工しなかったために公衆に危害を及ぼした場合など、もしくは

指示処分に従わない場合は1年以内の期間を定めて、その営業の全部または一部の停止を命ずることができます。

（3）許可取消処分

　国土交通大臣や都道府県知事は、その許可を受けた建設業者が建設業許可の基準を満たさなくなった場合などは当該建設業者の許可を取り消さなければなりません。

●監督処分の公表について

　いずれの監督処分を受けた場合でも、以下の情報について公告がされることになります。そのため、指示処分だからといって軽く見てはいけません。情報が公告されることにより、レピュテーションリスクにつながります。

○　監督処分の公告事項

　①　処分をした年月日

　②　処分を受けた者の商号または名称、主たる営業所の所在地及び代表者の氏名並びに当該処分を受けた者が建設業者であるときは、その者の許可番号

　③　処分の内容

　④　処分の原因となった事実

　公告の方法は、国土交通大臣の場合は官報への掲載、都道府県知事の場合は都道府県の広報またはウェブサイトへの掲載その他の適切な方法をもって行われます。

■東京都知事による公告の例

報道発表資料	2023年03月28日　都市整備局

建設業者に対する行政処分について

東京都知事は、本日付けで建設業法（昭和24年法律第100号）に基づく行政処分を行いましたのでお知らせします。

処分を受けた建設業者及び処分の内容等

商号又は名称	████████████
代表者	
所在地	
許可番号	
処分内容	建設業許可の取消し
法令根拠	建設業法第29条の2第1項
処分理由	████████████████████

出典：東京都「建設業者に対する行政処分について（2023年3月28日）」
（https://www.metro.tokyo.lg.jp/tosei/hodohappyo/press/2023/03/28/30.html）

　また、国土交通大臣または都道府県知事は、その許可を受けた建設業者が指示処分もしくは営業停止処分を受けたときは、建設業者監督処分簿に必要事項を搭載し、その建設業者監督処分簿を公衆の閲覧に供することとなっています。建設業者監督処分簿は処分1件ごとに作成され、保存期間は処分の日から5年間とされています。
○　建設業者監督処分簿の必要事項
　①　処分を行った者
　②　処分を受けた建設業者の商号または名称、主たる営業所の所在地、代表者の氏名、当該建設業者が許可を受けて営む建設業の種類及び許可番号
　③　処分の根拠となる法令の条項
　④　処分の原因となった事実
　⑤　その他参考となる事項

　監督処分の情報は、国土交通省のネガティブ情報等検索サイト（https://www.mlit.go.jp/nega-inf/index.html）で、誰でも検索して閲覧することが可能です。

■ネガティブ情報等検索サイトの事例

違反行為の概要
商号又は名称
████████████
代表者
████████████
主たる営業所の所在地
████████████
許可番号
████████████
許可を受けている建設業の種類
████████████
処分年月日
████████████
処分を行った者
関東地方整備局
根拠法令
建設業法第28条第3項（同条第1項第2号該当）
処分の内容（詳細）
███████████████████████████
処分の原因となった事実
███████████████████████████
その他参考となる事項

2 罰 則

建設業法では、監督処分とは別に、無許可営業や不正な手段による許可取得などに対する個人や法人に対する罰則も設けています。そのため、建設業法令違反をした場合には、刑罰を受けることもあります。

(1) 3年以下の懲役または300万円以下の罰金（情状により、懲役及び罰金を併科）

建設業法のなかで1番重い罰則です。例えば、無許可で建設業を営んだ場合や、虚偽申請をして建設業許可を受けた場合などが該当します。法人などで代表者や従業員等が違反行為をした場合は、違反行為をした者が罰せられるほか、法人に対しては1億円以下の罰金刑が科されます。

■3年以下の懲役または300万円以下の罰金となるケース（建設業法第47条）

① 許可を受けないで建設業を営んだ場合

② 特定建設業許可を受けないで、特定建設業許可が必要となる下請契約を締結した場合

③ 営業停止の処分に違反して建設業を営んだ場合

④ 営業の禁止の処分に違反して建設業を営んだ場合

⑤ 虚偽または不正の事実に基づいて建設業許可または認可を受けた場合

（2）6ヶ月以下の懲役または100万円以下の罰金（情状により、懲役及び罰金を併科）

　例えば、建設業許可の変更届出書を提出しなかった場合や、経営事項審査において虚偽申請をした場合などが該当します。法人などで代表者や従業員等が違反行為をした場合は、違反行為をした者が罰せられるほか、法人に対しては100万円以下の罰金刑が科されます。

■6ヶ月以下の懲役または100万円以下の罰金となるケース（建設業法第50条）

> ①　建設業許可申請書類に虚偽の記載をして提出した場合
> ②　変更届出書類を提出しなかった場合、または虚偽の記載をして提出した場合
> ③　建設業許可の基準を満たさなくなった旨の届出をしなかった場合
> ④　経営状況分析申請書または経営規模等評価申請書に虚偽の記載をして提出した場合

（3）100万円以下の罰金

　例えば、工事現場に主任技術者・監理技術者を置かなかった場合や国土交通大臣または都道府県知事から報告を求められたときに報告をせず、または虚偽の報告をした場合などが該当します。こちらの罰則も法人などで代表者や従業員等が違反行為をした場合は、違反行為をした者が罰せられるほか、法人に対しては100万円以下の罰金刑が科されます。

■ 100万円以下の罰金となるケース（建設業法第52条）

① 主任技術者または監理技術者を置かなかった場合

② 専門技術者を置かなかった場合

③ 許可取消処分や営業停止処分を受け、注文者に通知しなかった場合

④ 経営事項審査において、登録経営状況分析機関または許可行政庁から報告を求められ、報告をせずもしくは資料の提出をしなかった場合、または虚偽の報告もしくは虚偽の資料を提出した場合

⑤ 国土交通大臣または都道府県知事から報告を求められ、報告をせず、または虚偽の報告をした場合

⑥ 国土交通大臣または都道府県知事から検査を求められ、検査を拒み、妨げまたは忌避した場合

(4) 10万円以下の過料

　例えば、営業所に建設業許可の標識を掲示していない場合や、建設業法第40条の3に規定する帳簿を備え付けていない場合が該当します。なお、「過料」は違反者に対して、行政上の秩序を維持するために金銭的な制裁として科すもの（行政上の秩序罰）で、「罰金」とは異なり、刑罰ではありません。

■ 10万円以下の過料となるケース（建設業法第55条）

① 廃業等の届出をしなかった場合

② 正当な理由なく調停の出頭の要求に応じなかった場合

③ 建設業許可の標識を掲げなかった場合

④ 無許可業者が建設業者であると誤認される表示をした場合

⑤　帳簿を備えず、帳簿に記載せず、もしくは帳簿に虚偽の記載
をし、または帳簿もしくは図書を保存しなかった場合

第2節　監督処分の種類－指示

1　指示処分とは

　指示処分とは、法令違反を是正するために監督行政庁である国土交通大臣や都道府県知事が行う命令のことです。指示処分を受けると次ページのような書面が届きます。

　指示書の内容は、建設業者によって内容が変わることはなく、大きく次の2点が書かれています。

1　違反行為の再発を防ぐため、必要な措置を講じること
2　講じた措置について、文書をもって報告すること

　また「1　違反行為の再発を防ぐため、必要な措置を講じること」に関しては、概ね次の3点が記載されています。

①　今回の違反行為の内容及びこれに対する処分内容について、役職員に速やかに周知徹底すること
②　建設業法及び関係法令の遵守を社内に徹底するため、研修及び教育（以下「研修等」という）の計画を作成し、役職員に対し必要な研修等を継続的に行うこと
③　社内の業務運営方法の調査・点検を行うとともに、業務管理体制の整備・強化を行うこと

　指示処分では、業務管理体制の整備・強化も求められますが、継続的に建設業法や関係法令に関する研修等の実施をすることが求め

■指示書の例（国土交通省関東地方整備局の例）

国土交通省関東地方整備局長

指　示　書

　建設業法（昭和２４年法律第１００号）第２８条第１項の規定に基づき、別紙理由書記載の理由により、下記のとおり指示する。

　なお、この処分に不服があるときは、この処分があったことを知った日の翌日から起算して３月以内に、国土交通大臣に対して審査請求をすることができる（この処分があったことを知った日の翌日から起算して３月以内であっても、審査請求は、処分があった日の翌日から起算して１年を経過したときは、することができない。ただし、正当な理由があるときは、この限りでない。）。ただし、正当な理由があるときは、この限りでない。

　また、行政事件訴訟法（昭和３７年法律第１３９号）の定めるところにより、この処分があったことを知った日（当該処分につき審査請求をした場合においては、これに対する裁決があったことを知った日）から６か月以内に国を被告として（訴訟において国を代表する者は法務大臣となる。）、取消訴訟を提起することができる（この処分又は裁決があったことを知った日から６か月以内であっても、取消訴訟は、処分又は裁決の日から１年を経過したときは、提起することができない。ただし、正当な理由があるときは、この限りでない。）。ただし、正当な理由があるときは、この限りでない。

記

1　今回の違反行為の再発を防ぐため、少なくとも、以下の事項について必要な措置を講じること。
　① 今回の違反行為の内容及びこれに対する処分内容について、役職員に速やかに周知徹底すること。
　② 建設業法及び関係法令の遵守を社内に徹底するため、研修及び教育（以下「研修等」という。）の計画を作成し、役職員に対し必要な研修等を継続的に行うこと。
　③ 社内の業務運営方法の調査・点検を行うとともに、業務管理体制の整備・強化を行うこと。

2　前項各号について講じた措置（貴社において前項に係る措置以外に講じた措置がある場合には当該措置を含む。）について、文書をもって速やかに報告すること。

られます。国土交通省が、建設業法令遵守においては、研修や教育が有効な手段であると考えていることがよくわかります。

2 指示処分を受けるケース

次に、どのような場合に指示処分を受けるかを見ていきます。指示処分を受けるケースは建設業法第28条に規定されていますが、そのうちの主なものを紹介します。

① 建設業者が建設工事を適切に施工しなかったために公衆に危害を及ぼした場合、または危害を及ぼすおそれが大である場合

建設工事を適切に施工しなかったことにより、死亡者や負傷者を生じさせた場合や、危害を及ぼす可能性が大きい場合などがこれに該当します。

② 建設業者が請負契約に関し不誠実な行為をした場合

虚偽申請をして得た経営事項審査の結果を公共工事の発注者に提出した場合や、主任技術者等の不設置の場合などがこれに該当します。

③ 建設業者（建設業者が法人であるときは、当該法人またはその役員等）または政令で定める使用人がその業務に関し他の法令（入札契約適正化法及び履行確保法並びにこれらに基づく命令を除く）に違反し、建設業者として不適当であると認められる場合

労働安全衛生法違反により役職員が刑に処せられた場合や、建築基準法違反で役職員が刑に処せられた場合などがこれに該当します。

④ 建設業者が建設業法第22条第1項もしくは第2項または第26条の3第9項の規定に違反した場合

一括下請負をした場合などがこれに該当します。

⑤　建設業法第26条第1項または第2項に規定する主任技術者または監理技術者が工事の施工の管理について著しく不適当であり、かつ、その変更が公益上必要であると認められる場合

⑥　建設業者が、建設業法第3条第1項の規定に違反して同項の許可を受けないで建設業を営む者と下請契約を締結した場合

　　建設業許可が必要であるにもかかわらず、許可を受けないで建設業を営む者に下請工事を発注した場合がこれに該当します。

⑦　建設業者が、特定建設業者以外の建設業を営む者と下請代金の額が建設業法第3条第1項第2号の政令で定める金額以上となる下請契約を締結した場合

　　一般建設業者である元請業者から、特定建設業許可が必要となる金額以上の下請工事を請け負った場合などがこれに該当します。

⑧　建設業者が、事情を知って、建設業法第28条第1項第3項の規定により営業の停止を命ぜられている者または第29条の4第1項の規定により営業を禁止されている者と当該停止され、または禁止されている営業の範囲に係る下請契約を締結した場合

　　事情を知りながら、営業停止期間中の建設業者と下請契約を締結した場合などがこれに該当します。

⑨　特定住宅瑕疵担保責任の履行の確保等に関する法律（住宅瑕疵担保履行法）第3条第1項、第5条または第7条第1項の規定に違反した場合

　　必要な住宅建設瑕疵担保保証金の供託をしていなかった場合などがこれに該当します。

第3節 監督処分の種類
－営業の停止

1 営業停止処分とは

　営業停止処分とは、建設業者が建設工事を適切に施工しなかったために公衆に危害を及ぼした場合など、もしくは指示処分に従わない場合に、国土交通大臣や都道府県知事が行う1年以内の営業の全部または一部の停止の命令のことです。営業停止処分を受けると次ページのような書面が届きます。

　営業停止命令書の内容も建設業者によって内容が変わることはなく、大きく次の2点について書かれています。

1　停止を命ずる営業の範囲
2　期間

　「1　停止を命ずる営業の範囲」は、地域や建設業の業種、公共工事・元請工事の別などの営業停止を命じられる範囲が記載されます。「2　期間」は、1年以内の期間で、営業停止期間が記載されます。

　なお、営業停止処分により停止を命じられる行為とは、請負契約の締結及び入札、見積り等これらに付随する行為です。

■営業停止命令書の例（国土交通省　関東地方整備局の例）

国土交通省関東地方整備局長

営業停止命令書

　建設業法（昭和２４年法律第１００号）第２８条第３項の規定に基づき、別紙理由書記載の理由により、下記のとおり営業の停止を命ずる。
　なお、この処分に不服があるときは、この処分があったことを知った日の翌日から起算して３月以内に、国土交通大臣に対して審査請求をすることができる（この処分があったことを知った日の翌日から起算して３月以内であっても、審査請求は、処分があった日の翌日から起算して１年を経過したときは、することができない。ただし、正当な理由があるときは、この限りでない。）。ただし、正当な理由があるときは、この限りでない。
　また、行政事件訴訟法（昭和３７年法律第１３９号）の定めるところにより、この処分があったことを知った日（当該処分につき審査請求をした場合においては、これに対する裁決があったことを知った日）から６か月以内に国を被告として（訴訟において国を代表する者は法務大臣となる。）、取消訴訟を提起することができる（この処分又は裁決があったことを知った日から６か月以内であっても、取消訴訟は、処分又は裁決の日から１年を経過したときは、提起することができない。ただし、正当な理由があるときは、この限りでない。）。ただし、正当な理由があるときは、この限りでない。

記

1　停止を命ずる営業の範囲
　①
　②

2　期間
　1①について
　1②について

2 営業停止処分を受けるケース(建設業法第28条)

　次に、どのような場合に営業停止処分を受けるかを見ていきます。営業停止処分を受けるケースは指示処分と同じく建設業法第28条に規定されています。営業停止処分を受けるケースのうち主なものは、72ページの指示処分の説明で紹介した主なものの①～⑧と同じです。

　指示処分か営業停止処分かの判断については、国土交通省や各都道府県が定めた監督処分基準に従い、不正行為等の内容・程度、社会的影響、情状等を総合的に勘案して行われます。

第4節 監督処分の種類 −許可の取消し

1　許可取消処分とは

　　許可取消処分とは、建設業許可を受けた建設業者が許可の基準を満たさなくなった場合などに行う不利益処分のことです。許可取消処分を受けると次ページのような書面が届きます。

2　許可取消処分を受けるケース（建設業法第29条）

　　次に、どのような場合に許可取消処分を受けるかを見ていきます。許可取消処分を受けるケースは建設業法第29条に規定されています。

①　一般建設業の許可を受けた建設業者にあっては建設業法第7条第1号または第2号、特定建設業者にあっては同条第1号または第15条第2号に掲げる基準を満たさなくなった場合

　　経営業務の管理責任者、専任技術者の要件を満たさなくなった場合がこれに該当します。

②　建設業法第8条第1号または第7号から第14号まで（第17条において準用する場合を含む）のいずれかに該当するに至った場合

　　許可申請者やその役員等もしくは令第3条に規定する使用人が

■許可取消しの通知書の例（国土交通省中部地方整備局の例）

国土交通省中部地方整備局長

特定建設業の許可の取消しについて（通知）

　　貴社の下記に掲げる特定建設業の許可については、建設業法第２９条第１項第４号の規定により、　　　　　　　　　付けで取り消したので、通知する。

　　なお、この処分に不服があるときは、この通知書を受け取った日の翌日から起算して６０日以内に国土交通大臣に審査請求をすることができる（なお、この通知を受け取った日の翌日から起算して６０日以内であっても、処分の日から１年を経過すると審査請求をすることができなくなる。）。

　　また、行政事件訴訟法（昭和３７年法律第１３９号）の定めるところにより、この通知を受けた日（当該処分につき審査請求をした場合においては、これに対する裁決の送達を受けた日）の翌日から起算して６か月以内に国を被告として（訴訟において国を代表する者は法務大臣となる。）、処分の取消しの訴えを提起することができる（なお、この通知又は裁決の送達を受けた日の翌日から起算して６か月以内であっても、処分又は裁決の日から１年を経過すると処分の取消しの訴えを提起することができなくなる。）。

記

許　可　番　号
許　可　年　月　日
建設業の種類

建設業許可の欠格要件に該当した場合がこれに該当します。

③　建設業法第 9 条第 1 項各号（第 17 条において準用する場合を含む）のいずれかに該当する場合（第 17 条の 2 第 1 項から第 3 項までまたは第 17 条の 3 第 4 項の規定により他の建設業者の地位を承継したことにより第 9 条第 1 項第 3 号（第 17 条において準用する場合を含む）に該当する場合を除く）において一般建設業の許可または特定建設業の許可を受けないとき

　　国土交通大臣許可業者が 1 つの都道府県の区域内にのみ営業所を有することとなったにもかかわらず、当該都道府県許可に許可換えをしない場合や、都道府県知事許可業者が 2 つ以上の都道府県の区域内に営業所を有することとなったにもかかわらず、国土交通大臣許可に許可換えをしない場合などがこれに該当します。

④　建設業法第 12 条各号（第 17 条において準用する場合を含む）のいずれかに該当するに至った場合

　　建設業許可を受けた個人事業主が死亡した場合や、許可を受けた法人が合併により消滅した場合などの廃業等の届出事由に当たる場合がこれに該当します。

⑤　死亡した場合において建設業法第 17 条の 3 第 1 項の認可をしない旨の処分があったとき

　　建設業許可を受けた個人事業主が死亡した場合に、その相続人が相続の認可申請をし、国土交通大臣または都道府県知事から認可をしない旨の処分があった場合がこれに該当します。

⑥　不正の手段により建設業法第 3 条第 1 項の許可（同条第 3 項の許可の更新を含む）または第 17 条の 2 第 1 項から第 3 項までもしくは第 17 条の 3 第 1 項の認可を受けた場合

　　不正の手段により、建設業許可や合併・相続などの承継の認可などを受けた場合がこれに該当します。

⑦　建設業法第 28 条第 1 項各号のいずれかに該当し情状特に
重い場合または同条第 3 項もしくは第 5 項の規定による営
業の停止の処分に違反した場合
　指示処分または営業停止処分を受けるケースで情状が特に重い
場合や、指示処分に従わずに営業停止処分を受けた建設業者がそ
の営業停止処分にも従わなかった場合がこれに該当します。

　指示処分や営業停止処分を受けるケースに該当する違反であって
も、建設業者の故意または特に重大な過失が認められる場合や、同
種の事案を繰り返して生じさせていた場合など、建設業者の自主的
な是正が期待し得ないケースでは、指示処分や営業停止処分ではな
く最初から許可取消処分を受けることがあります。

第5節　指導、助言及び勧告

1　指導、助言、勧告とは

　建設業法において、国土交通大臣または都道府県知事は、建設業を営む者に対して、建設工事の適正な施工を確保し、または建設業の健全な発達を図るために必要な指導、助言及び勧告を行うことができるとされています。

　「指導」「助言」「勧告」は、いずれも建設工事の適正な施工の確保または建設業の健全な発達を図るという目的に誘導する意図があります。なお、重要度、緊急度の高さは、「勧告」＞「助言」＞「指導」の順となっています。

　しかしながら、監督処分とは異なり、行政手続法上の行政指導に該当するものであるため、建設業者に対して義務を課したり権利を制限したりするような法律上の拘束力はありません。

　例えば、勧告を受けた場合、次ページのような書面が届きます。

■勧告書の例（国土交通省中部地方整備局の例）

国土交通省中部地方整備局長

勧 告 書

　貴社に対し、建設業法（昭和24年法律第100号。以下「法」という。）第31条第1項の規定に基づき、立入検査を　　　　　　　　　　　　実施したところ、下記1のとおり、改善を要すべき事項が確認された。
　よって、法第41条第1項の規定に基づき、下記2のとおり、勧告する。

記

1．確認された改善を要すべき事項

　　　契約の締結（契約書に記載すべき必要な事項が網羅されていない）

　　　建設工事の請負契約の当事者は、契約の締結に際し、法第19条第1項各号に掲げる事項を記載した書面を作成し、署名又は記名押印をして相互に交付しなければならないとされている（法第19条第1項）。
　　　しかしながら、本立入検査対象工事では、法第19条第1項各号で規定する事項が網羅されていない書面を下請負人への注文書として交付していたことが確認された。

2．勧告内容

（1）請負契約の締結に際して当事者間で相互に交付すべき書面には、法第19条第1項各号に掲げる事項を記載すること。
　　　なお、注文書及び請書の交換により契約を締結する場合は、当事者間で署名又は記名押印をした基本契約書の相互交付又は当事者間であらかじめ同意した内容の基本契約約款の添付等を要するが、この場合の基本契約書又は基本契約約款についても、法第19条第1項各号に掲げる事項のうち、注文書及び請書に記載する事項以外の事項を記載すること。

（2）以下の事項について必要な措置を講じること。

　　①　本勧告の内容について、役職員に対し速やかに周知徹底すること。

　　②　法及び関係法令に対する遵守意識を徹底するための研修及び教育に関する計画を作成し、役職員に対して当該研修等を継続的に実施すること。

　　③　適正な営業活動が行われるよう業務運営方法の調査・点検を行うとともに、社内の業務管理体制の整備・強化を図ること。

（3）上記（1）及び（2）に掲げる事項について講じた措置（これ以外に講じた措置がある場合には当該措置を含む。）を文書にて報告すること。

　「勧告」は、監督処分の一歩手前というイメージです。勧告の内容は、指示処分の場合に送られてくる指示書の内容とよく似ていて、「必要な措置を講じること」と「講じた措置を文書にて報告すること」が求められています。

　上記の勧告書の例には次のように記載されています。

①　本勧告の内容について、役職員に対し、速やかに周知徹底すること

②　法及び関係法令に対する遵守意識を徹底するための研修及び教育に関する計画を作成し、役職員に対して当該研修等を継続的に実施すること

③　適正な営業活動が行われるよう業務運営方法の調査・点検を行うとともに、社内の業務管理体制の整備・強化を図ること

　勧告には法的な拘束力はないのですが、改善の意思や姿勢を示すためにも、勧告の内容に従いしっかりと必要な措置を講じるようにしましょう。

2　行政指導を受けるケース

　国土交通大臣または都道府県知事が建設業を営む者に対して行政指導を行うことができるケースとして、建設業法には次の３つが定められています。

①　建設工事の適正な施工を確保し、または建設業の健全な発達を図るため

　　国土交通大臣または都道府県知事は、建設業を営む者に対して、必要な指導、助言及び勧告を行うことができます。

②　特定建設業者が発注者から直接請け負った建設工事の全部

または一部を施工している他の建設業を営む者が、当該建設工事の施工のために使用している労働者に対する賃金の支払いを遅滞した場合において、必要があると認めるとき

国土交通大臣または都道府県知事は、特定建設業者に対して、支払いを遅滞した賃金のうち建設工事における労働の対価として適正と認められる賃金相当額を立替払いすることその他の適切な措置を講ずることを勧告することができます。

③　特定建設業者が発注者から直接請け負った建設工事の全部または一部を施工している他の建設業を営む者が、当該建設工事の施工に関し他人に損害を加えた場合において、必要があると認めるとき

国土交通大臣または都道府県知事は、特定建設業者に対して、他人が受けた損害につき、適正と認められる金額を立替払いすることその他の適切な措置を講ずることを勧告することができます。

①は、「建設工事の適正な施工を確保し、または建設業の健全な発達を図るため」であれば、行政指導を行うことができるとされており、国土交通大臣または都道府県知事の裁量で柔軟に指導できるように定められています。基本的には、指示処分を受けるケースと同じケースを想定しておくとよいでしょう。

第6節 監督処分を受けたらできないこと

　建設業者が指示処分を受けた場合は、営業活動に制限がかかることはありませんが、許可取消処分や営業停止処分を受けた場合は、営業活動に制限がかかってしまいます。具体的には、請負契約の締結及び入札、見積り等これに付随する行為を行うことができません。一方、許可取消処分や営業停止処分を受けた場合でも、行うことができる行為もあります。

1 営業停止期間中に行えない行為

　営業停止期間中に行えない行為としては、次の6種類があります。

> ①　新たな建設工事の請負契約の締結（仮契約等に基づく本契約の締結を含む。）
>
> ②　処分を受ける前に締結された請負契約の変更であって、工事の追加に係るもの（工事の施工上特に必要があると認められるものを除く。）
>
> ③　前2号及び営業停止期間満了後における新たな建設工事の請負契約の締結に関連する入札、見積り、交渉等
>
> ④　営業停止処分に地域限定が付されている場合にあっては、当該地域内における前各号の行為
>
> ⑤　営業停止処分に業種限定が付されている場合にあっては、当

該業種に係る第1号から第3号までの行為

⑥　営業停止処分に公共工事又はそれ以外の工事に係る限定が付
　されている場合にあっては、当該公共工事又は当該それ以外の
　工事に係る第1号から第3号までの行為

出典：国土交通省「建設業者の不正行為等に対する監督処分の基準」(https://
　　　www.mlit.go.jp/totikensangyo/const/content/001589956.pdf) から抜粋

①　新たな建設工事の請負契約の締結（仮契約等に基づく本契
　約の締結を含む。）
　　営業停止期間中に、新たな建設工事の請負契約の締結をするこ
　とはできません。また、仮契約等に基づく本契約の締結も含まれ
　ます。
②　処分を受ける前に締結された請負契約の変更であって、工
　事の追加に係るもの（工事の施工上特に必要があると認めら
　れるものを除く。）
　　営業停止処分を受ける前に締結した請負契約であっても、営業
　停止期間中に、その請負契約の追加工事に伴う変更契約等の締結
　をすることはできません。ただし、工事の施工上特に必要がある
　と認められるものは除かれます。
③　前2号及び営業停止期間満了後における新たな建設工事
　の請負契約の締結に関連する入札、見積り、交渉等
　　営業停止期間中に、新たな建設工事の請負契約の締結や追加工
　事に伴う変更契約等の締結に関連する入札、見積り、交渉等をす
　ることはできません。また、新たな建設工事の請負契約の締結
　が、営業期間満了後となる場合であっても同様です。
④　営業停止処分に地域限定が付されている場合にあっては、
　当該地域内における前各号の行為
　　営業停止処分に地域の限定が付けられている場合は、営業停止
　期間中に、その地域内において①〜③の行為をすることはできま

せん。

⑤　営業停止処分に業種限定が付されている場合にあっては、当該業種に係る第1号から第3号までの行為

　　営業停止処分に業種の限定が付けられている場合は、営業停止期間中に、その業種に係る①〜③の行為をすることはできません。

⑥　営業停止処分に公共工事またはそれ以外の工事に係る限定が付されている場合にあっては、当該公共工事または当該それ以外の工事に係る第1号から第3号までの行為

　　営業停止処分に公共工事または民間工事に係る限定が付けられている場合は、営業停止期間中に、その工事に係る①〜③の行為をすることはできません。

2　営業停止期間中でも行える行為

　次に、営業停止期間中に行える行為としては、次の7種類あります。

---

①　建設業の許可、経営事項審査、入札の参加資格審査の申請

②　処分を受ける前に締結された請負契約に基づく建設工事の施工

③　施工の瑕疵に基づく修繕工事等の施工

④　アフターサービス保証に基づく修繕工事等の施工

⑤　災害時における緊急を要する建設工事の施工

⑥　請負代金等の請求、受領、支払い等

⑦　企業運営上必要な資金の借入れ等

---

①　建設業の許可、経営事項審査、入札の参加資格審査の申請

　　営業停止期間中であっても、建設業許可、経営事項審査、入札参加資格審査の申請手続をすることができます。もちろん、変更

に係る届出、手続きも同様です。

② 処分を受ける前に締結された請負契約に基づく建設工事の施工

　営業停止処分を受ける前に締結した請負契約に基づく建設工事であれば、営業停止期間中であっても、その建設工事の施工をすることができます。

③ 施工の瑕疵に基づく修繕工事等の施工

　営業停止期間中であっても、施工の瑕疵に基づく修繕工事等の施工をすることができます。

④ アフターサービス保証に基づく修繕工事等の施工

　営業停止期間中であっても、アフターサービス保証に基づく修繕工事等の施工をすることができます。

⑤ 災害時における緊急を要する建設工事の施工

　自然災害が発生したときの災害復旧工事等であれば、営業停止期間中であっても、施工をすることができます。

⑥ 請負代金等の請求、受領、支払い等

　営業停止期間中であっても、発注者や元請負人に対する請負代金等の請求や受領、下請負人に対する支払い等をすることができます。

⑦ 企業運営上必要な資金の借入れ等

　営業停止期間中であっても、企業運営上必要な資金の借入れ等をすることができます。

　本節の冒頭でも述べたとおり、営業停止期間中は、請負契約の締結及び入札、見積り等これに付随する行為を行うことができません。つまり、建設業にかかる営業活動が制限されています。しかしながら、営業停止期間中は、基本的に建設業にかかる営業活動に該当するもの以外は制限されないと考えればよいです。

　また、建設業法の目的に照らして、制限することが望ましくない

行為も除かれると考えてください。具体的には、「②処分を受ける前に締結された請負契約に基づく建設工事の施工」「③施工の瑕疵に基づく修繕工事等の施工」「④アフターサービス保証に基づく修繕工事等の施工」に関しては、建設業者のそれらの行為を制限してしまうと、お客様（発注者）が困ることになってしまいます。建設業法の目的の「発注者の保護」という観点に照らせば、営業停止期間中といえども、これらの行為を制限することは望ましくありません。

　そして、「⑤災害時における緊急を要する建設工事の施工」も同じです。地域の守り手である建設業者が、緊急時に災害復旧工事等で役割を果たせないとなると、復旧が遅れ大きな損害となってしまいます。「公共の福祉の増進に寄与する」という建設業法の目的に照らせば、こちらの行為も制限することは望ましくありません。

　ただし、「②処分を受ける前に締結された請負契約に基づく建設工事の施工」に関しては、建設業者は営業停止処分を受けた後、2週間以内にその旨を当該建設工事の注文者に通知しなければならないことが建設業法で規定されています。そして、通知を受けた注文者は、通知を受けた日または営業停止処分があったことを知った日から30日以内であれば、その建設工事の請負契約を解除することが可能です。

3　許可取消処分を受けた後でも行える行為

　建設業者が許可取消処分を受けた場合でも、許可が効力を失う前に締結された請負契約に係る建設工事に限って施工することができます。

　この場合、営業停止処分と同様の規定があり、許可取消処分を受けた建設業者は、許可が効力を失った後、2週間以内に、その旨を

建設工事の注文者に通知しなければなりません。そして、建設工事の注文者は、通知を受けた日または許可がその効力を失ったことを知った日から 30 日以内に限り、その建設工事の請負契約を解除することができます。

第7節 監督処分から逃れることはできるか

　建設業法違反により、何らかの監督処分を受けることとなった場合、その監督処分から逃れることはできるのでしょうか。許可取消しや営業停止により営業ができなくなるリスクや、社名公表などによるレピュテーションリスクなど、監督処分を受けることによるリスクが多いために、監督処分から逃れる方法を考える建設業者は少なくないと思います。

　結論からいうと、監督処分から逃れる方法はありません。監督処分を受けないように建設業法令の遵守を心がけることが最大の防衛策（監督処分から逃れる方法）となります。

　本節は「監督処分から逃れることはできるか」というタイトルですが、監督処分から逃れる方法ではなく建設業法では監督処分から逃れることができないようにしっかりと対策されていることを説明していきます。

1 監督処分の承継

　令和2年10月1日の建設業法の改正により、建設業許可に関する事業承継及び相続に関する制度（事業承継等に係る認可の制度）が新設されました。この制度により、事業譲渡・合併・分割において、事前の認可を受けることで、空白期間を生じることなく建設業許可を承継することができるようになりました。

■承継のスキーム

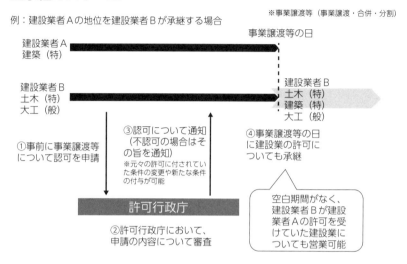

例：建設業者Aの地位を建設業者Bが承継する場合

※事業譲渡等（事業譲渡・合併・分割）

出典：国土交通省「新・担い手三法について〜建設業法、入契法、品確法の一体的改正について〜」（https://www.mlit.go.jp/totikensangyo/const/content/001367723.pdf）

　建設業許可の承継ができるということであれば、不正行為を行った建設業者が監督処分を受ける前に、事業譲渡や合併などの方法により他社に事業を承継してもらい、監督処分を受けることなく事業を継続する方法を考えることがあるかもしれません。しかしながら、そのような方法で監督処分を逃れることはできないようになっています。

　国土交通省の「建設業者の不正行為等に対する監督処分の基準」に規定されていますが、不正行為等を行った建設業者（行為者）が、不正行為等の後に、建設業法第17条の2の規定による事業承継等に係る認可の制度を利用して事業を承継した場合、行為者の地位を承継した建設業者（承継者）に対して監督処分を行うとされています。

　また、事業承継等に係る認可の制度を利用せずに承継した場合で

あっても、承継者の建設業の営業が、行為者の建設業の営業と継続性・同一性を有すると認められる場合、①行為者が建設業を廃業している場合には、承継者に対して監督処分を行い、②行為者及び承継者がともに建設業を営んでいる場合には、両社に対して監督処分を行うとされています。そのため、監督処分から逃れる目的で事業譲渡や合併をしたとしても、監督処分も承継されるため、結局のところは監督処分から逃れることはできません。

　なお、事業承継等に係る認可の制度ができた令和 2 年 10 月から令和 5 年 3 月末までの認可件数は以下のとおりの状況です。

・令和 2 年 10 月から令和 3 年 3 月末まで　203 件
・令和 3 年 4 月から令和 4 年 3 月末まで　1,127 件
・令和 4 年 4 月から令和 5 年 3 月末まで　1,135 件

　制度の利用件数は増加傾向にあり、今後も事前認可制度を利用した事業承継を目的とした M&A をするケースは増えてくると思われます。仮に、M&A による事業承継（会社の売却）を検討している建設業者が建設業法違反をして指示処分、営業停止処分といった監督処分を受けている場合は、その買収条件に影響が及び、破談となってしまうことも考えられます。そのようなことにならないよう、日常から建設業法令遵守を心がけるようにしましょう。

2　欠格要件による建設業許可取得の制限

　ここでは欠格要件による建設業許可取得の制限について解説します。

　許可取消処分を受けるケースとして建設業法第 29 条第 1 項第 7 号「不正の手段により建設業法第 3 条第 1 項の許可（同条第 3 項の許可の更新を含む。）又は第 17 条の 2 第 1 項から第 3 項まで若しく

は第17条の3第1項の認可を受けた場合」と、第8号「建設業法第28条第1項各号のいずれかに該当し情状特に重い場合又は同上第3項若しくは第5項の規定による営業の停止の処分に違反した場合」があります。

　具体的には、前者は不正の手段により建設業許可を受けた場合などが該当し、後者は指示処分または営業停止処分を受けるケースで情状が特に重い場合や、指示処分に従わずに営業停止処分を受けた建設業者がその営業停止処分にも従わなかった場合が該当します。これらの場合は許可取消処分を受けることになります。

　ここからが本題です。建設業法第29条第1項第7号または第8号に該当し、許可取消処分を受けた場合、建設業許可の欠格要件により、将来的に建設業許可の取得に制限がかかることになります。まずは欠格要件の確認です。

■欠格要件（建設業法第8条）

第1号　破産手続開始の決定を受けて復権を得ない者

第2号　第29条第1項第7号又は第8号に該当することにより一般建設業の許可又は特定建設業の許可を取り消され、その取消しの日から5年を経過しない者

第3号　第29条第1項第7号又は第8号に該当するとして一般建設業の許可又は特定建設業の許可の取消しの処分に係る行政手続法（平成5年法律第88号）第15条の規定による通知があつた日から当該処分があつた日又は処分をしないことの決定があつた日までの間に第12条第5号に該当する旨の同条の規定による届出をした者で当該届出の日から5年を経過しないもの

第4号　前号に規定する期間内に第12条第5号に該当する旨の同条の規定による届出があつた場合において、前号の通知の

日前 60 日以内に当該届出に係る法人の役員等若しくは政令で
定める使用人であつた者又は当該届出に係る個人の政令で定め
る使用人であった者で、当該届出の日から 5 年を経過しない
もの

第 5 号　第 28 条第 3 項又は第 5 項の規定により営業の停止を
命ぜられ、その停止の期間が経過しない者

第 6 号　許可を受けようとする建設業について第 29 条の 4 の
規定により営業を禁止され、その禁止の期間が経過しない者

第 7 号　禁錮以上の刑に処せられ、その刑の執行を終わり、又
はその刑の執行を受けることがなくなった日から 5 年を経過
しない者

第 8 号　この法律、建設工事の施工若しくは建設工事に従事す
る労働者の使用に関する法令の規定で政令で定めるもの若しく
は暴力団員による不当な行為の防止等に関する法律（平成 3
年法律第 77 号）の規定（同法第 32 条の 3 第 7 項及び第 32
条の 11 第 1 項の規定を除く。）に違反したことにより、又は
刑法（明治 40 年法律第 45 号）第 204 条、第 206 条、第
208 条、第 208 条の 2、第 222 条若しくは第 247 条の罪若
しくは暴力行為等処罰に関する法律（大正 15 年法律第 60
号）の罪を犯したことにより、罰金の刑に処せられ、その刑の
執行を終わり、又はその刑の執行を受けることがなくなった日
から 5 年を経過しない者

第 9 号　暴力団員による不当な行為の防止等に関する法律第 2
条第 6 号に規定する暴力団又は同号に規定する暴力団員で
なくなつた日から 5 年を経過しない者（第 14 号において「暴
力団員等」という。）

第 10 号　心身の故障により建設業を適正に営むことができない
者として国土交通省令で定めるもの

第 11 号　営業に関し成年者と同一の行為能力を有しない未成年

者でその法定代理人が前各号又は次号（法人でその役員等のうちに第1号から第4号まで又は第6号から前号までのいずれかに該当する者のあるものに係る部分に限る。）のいずれかに該当するもの

第12号　法人でその役員等又は政令で定める使用人のうちに、第1号から第4号まで又は第6号から第10号までのいずれかに該当する者（第2号に該当する者についてはその者が第29条の規定により許可を取り消される以前から、第3号又は第4号に該当する者についてはその者が第12条第5号に該当する旨の同条の規定による届出がされる以前から、第6号に該当する者についてはその者が第29条の4の規定により営業を禁止される以前から、建設業者である当該法人の役員等又は政令で定める使用人であつた者を除く。）のあるもの

第13号　個人で政令で定める使用人のうちに、第1号から第4号まで又は第6号から第10号までのいずれかに該当する者（第2号に該当する者についてはその者が第29条の規定により許可を取り消される以前から、第3号又は第4号に該当する者についてはその者が第12条第5号に該当する旨の同条の規定による届出がされる以前から、第6号に該当する者についてはその者が第29条の4の規定により営業を禁止される以前から、建設業者である当該個人の政令で定める使用人であった者を除く。）のあるもの

第14号　暴力団員等がその事業活動を支配する者

　具体的には、第2号に該当することにより建設業許可の取得に制限がかかることになります。第2号「第29条第1項第7号又は第8号に該当することにより一般建設業の許可又は特定建設業の許可を取り消され、その取消しの日から5年を経過しない者」は、建設業許可を取得することができません。つまり、許可取消処分を受け

た会社が、改めて建設業許可を取得しようと思った場合、取消しの日から5年を経過しなければ、許可を取得することができないということです。

　ここで考えるのが、「許可取消処分が決定する前に廃業届を提出してしまえば大丈夫ではないか？」ということです。

　しかしながら、これに関しては欠格要件の第3号で対策がされています。第3号「第29条第1項第7号又は第8号に該当するとして一般建設業の許可又は特定建設業の許可の取消しの処分に係る行政手続法（平成5年法律第88号）第15条の規定による通知があつた日から当該処分があつた日又は処分をしないことの決定があつた日までの間に第12条第5号に該当する旨の同条の規定による届出をした者で当該届出の日から5年を経過しないもの」とは、聴聞※の通知があった日から、許可取消処分があった日までの間に、廃業届（建設業法第12条第5号）を提出した者は、届出の日から5年を経過しなければ建設業許可を取得することができないということです。

※「聴聞」とは、行政機関が処分に先立ち、相手方や関係人に意見を述べる機会を与える手続きのことをいいます。

■廃業届を提出した場合の許可取得の制限

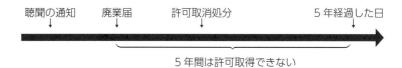

聴聞の通知　　廃業届　　　許可取消処分　　　　　5年経過した日

5年間は許可取得できない

　さらに、欠格要件第2号に該当した場合、役員等や令第3条に規定する使用人も制限を受けることになります。具体的には欠格要件の第12号「法人でその役員等又は政令で定める使用人のうちに、第1号から第4号まで又は第6号から第10号までのいずれかに該

当する者（第2号に該当する者についてはその者が第29条の規定により許可を取り消される以前から、第3号又は第4号に該当する者についてはその者が第12条第5号に該当する旨の同条の規定による届出がされる以前から、第6号に該当する者についてはその者が第29条の4の規定により営業を禁止される以前から、建設業者である当該法人の役員等又は政令で定める使用人であつた者を除く。）のあるもの」です。この規定により、建設業者の役員や令第3条に規定する使用人のなかに、第2号「第29条第1項第7号又は第8号に該当することにより一般建設業の許可又は特定建設業の許可を取り消され、その取消しの日から5年を経過しない者」がいた場合は、建設業許可を取得することができません。

　ここで考えるのが、「許可取消処分が決定する前に役員を別の者に変更しておけば大丈夫では？」ということです。許可取消処分を受ける前に、本来の役員から一時的に仮の役員に変更しておくことができれば、仮の役員が制限を受けるだけで、本来の役員は制限を受けず改めて建設業許可を取得できるのではないか、ということです。

　しかしながら、こちらに関しても欠格要件の第4号で対策がされています。第4号「前号に規定する期間内に第12条第5号に該当する旨の同条の規定による届出があつた場合において、前号の通知の日前60日以内に当該届出に係る法人の役員等若しくは政令で定める使用人であつた者又は当該届出に係る個人の政令で定める使用人であった者で、当該届出の日から5年を経過しないもの」とは、聴聞の通知があった日から許可取消処分があった日までの間に、廃業届（建設業法第12条第5項）を提出した者は、聴聞の通知の日前60日以内に役員や令第3条に規定する使用人であった者は、届出の日から5年を経過しなければ建設業許可を取得することができないということです。

■役員変更をした場合の許可取得の制限

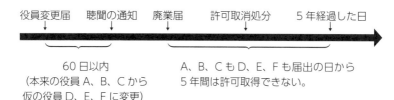

これが欠格要件による建設業許可取得の制限です。

建設業法第29条（許可の取消し）第1項第7号及び第8号に該当して、許可取消処分になった場合は、欠格要件によりこのような制限がありますので、許可取消処分から逃れることはできないようになっています。

3　自主廃業の事例

「許可取消処分を受ける前に、建設業許可を自主廃業してしまえばよいのでは？」と考えられる人もいるかもしれませんが、自主廃業は結局のところ建設業許可がなくなってしまうので、監督処分から逃れる方法とはなりません。

ここでは監督処分から逃れる方法ではなく、欠格要件に該当することになった場合、どのような対応をするのが正解かを解説をしたいと思います。

許可申請者やその役員等もしくは令第3条に規定する使用人が建設業許可の欠格要件（建設業法第8条第1号または第7号から第14号まで（第17条において準用する場合を含む。））に該当すると、建設業法第29条（許可の取消し）第1項第2号の規定により、建設業許可の取消処分を受けることになります。

具体的にどのようなケースが対象になるのかを解説します。ここ

では例として、第8号に該当するケースを取り上げます。第8号では、以下の法令に違反もしくは罪を犯して、罰金の刑に処せられた場合は、許可取消処分を受けることになります。

① 建設業法
② 建設工事の施工もしくは建設工事に従事する労働者の使用に関する法令の規定で政令で定めるもの
③ 暴力団員による不当な行為の防止等に関する法律の規定（第32条の3第7項及び第32条の11第1項の規定を除く。）
④ 刑法第204条、第206条、第208条、第208条の3、第222条、第247条の罪
⑤ 暴力行為等処罰に関する法律の罪

例えば、④の刑法第204条の罪とは傷害罪のことをいいます。

(傷害)
第204条　人の身体を傷害した者は、15年以下の懲役又は50万円以下の罰金に処する。

傷害罪は、人の身体に対する傷害行為を処罰する犯罪です。殴る蹴るなどをして、人にケガをさせた場合は傷害罪が成立します。

仮に、ある建設業者甲社の役員Ｘが、人を殴りケガをさせてしまい、傷害罪で50万円以下の罰金に処せられたとします。その場合は欠格要件の第8号に該当し、甲社は許可取消処分を受けることになります。罰金刑に対して執行猶予付き判決が下されるケースは実務上多くはないと思いますが、Ｘが執行猶予付きであったとしても甲社は許可取消処分となる点には注意が必要です。

ちなみに、傷害罪で15年以下の懲役刑に処せられた場合、欠格要件の第7号「禁固以上の刑に処せられ〜」に該当することになります。どのような法令違反・犯罪であっても、禁固以上の刑の場合は、すべて第7号に該当して許可取消処分となります。

　ここまでの説明のとおり、欠格要件に該当した場合は、許可取消処分となります。実務上、欠格要件に該当した場合は、即許可取消処分となるわけではなく、事実発生後2週間以内に欠格要件に該当するに至った旨の届出書（建設業法第11条第5項）を提出することになります。その届出の提出を受け、許可行政庁が許可取消処分を行うことになります。そのため、欠格要件に該当することが発覚した場合は必ず届出を行うようにしましょう。

　最近、建設業者の役員や令第3条に規定する使用人が欠格要件に該当していたことが発覚して建設業許可の自主廃業をしたという事例がニュースになっていましたので紹介します。

■A社が令和4年9月14日に建設業許可を自主廃業した事例

> 　弊社の元役員が、道路交通法違反（スピード違反）で執行猶予付き有罪判決を受けていたものの会社への報告を怠っておりました。本件の発覚により、弊社は宅建業免許ならびに建設業許可の欠格事由に該当していることを認識し、発覚日と同日、当該元役員は役員を辞任し、翌営業日には監督官庁への報告を行いました。
>
> 　その後、弊社において検討した結果、本件の重大性にかんがみ、宅建業免許ならびに建設業許可を自主的に廃業するのが妥当と判断するに至り、監督官庁に対して当該免許ならびに許可の廃業の届出を行った次第です。（A社ホームページより抜粋）

　その後A社は建設業許可申請を行い、令和4年10月20日付で建設業許可を再取得しています。

■N社が令和4年9月29日に建設業許可を自主廃業した事例

建設業法施行令第3条に規定する使用人（以下「令3条の使用人」）である当社社員1名が、欠格要件（建設業法第8条第1項8号）に該当していたものの当社への報告を怠っていました。当社は本年9月1日に本事実を確認し、9月2日及び同5日に許可行政庁に建設業許可の欠格要件に該当していることを報告いたしました。

その後、当社内での検討の結果、今回の事案の重大性を踏まえ、建設業許可を自主的に廃業することとし、許可行政庁に建設業許可の廃業届を本日提出し受理されました。（N社ホームページより抜粋）

その後、N社は建設業許可申請を行い、令和4年11月14日付で建設業許可を再取得しています。

A社とN社の事例では、欠格要件に該当することが発覚したあとすぐに許可行政庁に報告を行い、自主廃業をしています。両社とも「自主的に廃業する」とコメントしていますので、おそらく、欠格要件に該当するに至った旨の届出書（建設業法第11条第5項）ではなく、廃業届（建設業法第12条第5項）を提出した可能性があります。前者は欠格要件に該当したことを届け出るものですが、後者は建設業を廃止するときに届け出るものです。結局許可取消しとなるので、効果に違いはありません（印象には違いがあるかもしれませんが）。

仮に、欠格要件に該当していることを隠したまま建設業許可の更新手続等を行った場合、申請書類には欠格要件に該当しない旨の「誓約書」がありますので、虚偽申請となってしまいます。万が一、その虚偽申請が発覚した場合は、建設業法第29条（許可取消し）第1項第7号「不正の手段により建設業法第3条第1項の許可（同条第3項の許可の更新を含む。）又は第17条の2第1項から第

3 項まで若しくは第 17 条の 3 第 1 項の認可を受けた場合」に該当し、許可取消処分を受けることになります。その場合、建設業者も役員も令第 3 条に規定する使用人も、許可取消し等の日から 5 年間は建設業許可を取得することができなくなりますので、自主廃業は正しい選択だったと考えられます。

　もっとも、犯罪行為を行った役員等がその事実をすぐに会社に報告をし、有罪判決が確定する前に役員等を辞任していたら、建設業許可はそのまま維持することができていたかもしれません。

第3章

違反と
監督処分基準

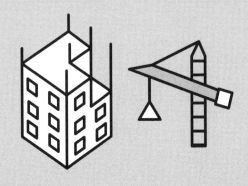

第1節 監督処分基準とは

　監督処分基準とは、許可行政庁が監督処分を行う場合の統一的な基準です。建設業者の行う不正行為等に厳正に対処し、建設業に対する信頼の確保及び不正行為等の未然防止に寄与することを目的として、許可行政庁ごとに定められています。

　国土交通大臣許可業者に対する監督処分の基準は国土交通大臣が、都道府県知事許可業者に対する監督処分の基準は各都道府県知事が定めています。

　本書では、国土交通省の監督処分基準（建設業者の不正行為等に対する監督処分の基準 https://www.mlit.go.jp/totikensangyo/const/content/001589956.pdf）を用いて解説します。

■建設業者の不正行為等に対する監督処分の基準(国土交通省)

(最終改正　令和５年３月３日国不建第５７８号)

建設業者の不正行為等に対する監督処分の基準

一　趣旨

本基準は、建設業者による不正行為等について、国土交通大臣が監督処分を行う場合の統一的な基準を定めることにより、建設業者の行う不正行為等に厳正に対処し、もって建設業に対する国民の信頼確保と不正行為等の未然防止に寄与することを目的とする。

二　総則

1　監督処分の基本的考え方

建設業者の不正行為等に対する監督処分は、建設工事の適正な施工を確保し、発注者を保護するとともに、建設業の健全な発達を促進するという建設業法の目的を踏まえつつ、本基準に従い、当該不正行為等の内容・程度、社会的影響、情状等を総合的に勘案して行うものとする。

2　監督処分の対象

（1）地域

監督処分は、地域を限定せずに行うことを基本とする。ただし、営業停止処分を行う場合において、不正行為等が地域的に限定され当該地域の担当部門のみで処理されたことが明らかな場合は、必要に応じ地域を限って処分を行うこととする。この場合においては、当該不正行為等が行われた地域を管轄する地方整備局又は北海道開発局（当該地域が沖縄県の区域にあっては沖縄総合事務局）の管轄区域全域（九州地方整備局にあっては沖縄県の区域全域を、沖縄総合事務局にあっては九州地方整備局の管轄区域全域を含む。）における処分を行うことを基本として地域を決定することとする。なお、役員等が不正行為等を行ったときは、代表権の有無にかかわらず、地域を限った処分は行わない。

（2）業種

監督処分は、業種を限定せずに行うことを基本とする。ただし、営業停止処分を行う場合において、不正行為等が他と区別された特定の工事の種別（土木、建築等）に係る部門のみで発生したことが明らかなときは、必要に応じ当該工事の種別に応じた業種について処分を行うこととする。この場合においては、不正行為等に関連する業種について一括して処分を行うこととし、原則として許可業種ごとに細分化した処分は行わない。

国土交通省の監督処分基準の構成は次のとおりです。

■国土交通省の監督処分基準の構成

一　趣旨
二　総則
　1　監督処分の基本的考え方
　2　監督処分の対象
　3　監督処分の時期等
　4　不正行為等が複合する場合の監督処分
　5　不正行為等を重ねて行った場合の加重
　6　営業停止処分により停止を命ずる行為
　7　不正行為等を行った企業に合併等があったときの監督処分
三　監督処分の基準
　1　基本的考え方
　2　具体的基準
四　その他
五　施行期日等
別表

本章では、主に二「総則」1～5（6、7は第2章で触れているため除く）、三「監督処分の基準」。四「その他」の内容を解説します。まずは、監督処分基準の二「総則」です。

1　監督処分の基本的考え方

建設業者の不正行為等に対する監督処分は、建設業法の目的を踏まえ、監督処分基準に従って不正行為等の内容・程度、社会的影響、情状等を総合的に勘案して行うものとされています。

2　監督処分の対象

(1) 地　域

　監督処分は、地域を限定せずに行われることが基本となっています。

　ただし、営業停止処分の場合は、必要に応じて地域を限定して行われるケースがあります。不正行為等が地域的に限定され、当該地域の担当部門のみで処理されたことが明らかな場合は、地域を限定して営業停止処分が行われることになります。

　例えば、東京都に主たる営業所を構える国土交通大臣許可の甲社の場合で考えてみます。甲社の不正行為等が、愛知県内に限定されており、その不正行為等が愛知県内を担当する名古屋営業所のみで処理されたことが明らかである場合は、不正行為等が行われた愛知県を管轄する中部地方整備局における処分を行うことを基本として地域が決定されます。つまり、関東地方整備局長は、必要に応じて、中部地方整備局の管轄である岐阜県、静岡県、愛知県、三重県の区域内に限定して営業停止処分を行うことになります。

　なお、役員等が不正行為等を行ったときは、代表権の有無にかかわらず地域を限定せずに処分が行われることとなります。

(2) 業　種

　監督処分は、業種を限定せずに行われることが基本となっています。ただし、地域と同様に、営業停止処分の場合は、必要に応じて工事の種別に応じた業種についてのみ処分が行われるケースがあります。不正行為等が他と区別された特定の工事の種別に係る部門のみで発生したことが明らかなときは、業種を限定して営業停止処分

が行われることになります。

　例えば、許可を受けている建設業の種類が、【土木、建築、大工、とび・土工、石、屋根、電気、管、タイル・れんが・ブロック、鋼構造物、舗装、しゅんせつ、内装仕上、機械器具設置、造園、水道施設、解体】である国土交通大臣許可の乙社の場合で考えてみます。乙社の不正行為等が、土木工事業を専門とする土木工事部のみで発生したことが明らかである場合は、関東地方整備局長は必要に応じて土木工事業に限定して営業停止処分を行うことになります。

(3) 請負契約に関する不正行為等に対する営業停止処分

　公共工事の請負契約に関して不正行為等を行った場合は、その営業のうち公共工事に係るものについて、公共工事以外の工事（民間工事）の請負契約に関して不正行為等を行った場合は、その営業のうち公共工事以外の工事（民間工事）に係るものについてそれぞれ営業停止処分が行われることになります。

　なお、営業停止処分となる営業の範囲について、地域、業種、請負契約に関する不正行為等に対する営業停止処分（公共工事、公共工事以外の工事の別）の3つが複合的に限定されることもあります。例えば、停止を命じられる営業の範囲が「岐阜県、静岡県、愛知県及び三重県における土木工事業に関する営業のうち、公共工事に係るもの」といった具合です。

3　監督処分等の時期等

(1)　他法令違反に係る監督処分

　他法令違反に係る監督処分については、原則として、刑の確定、排除措置命令または課徴金納付命令の確定等の法令違反の事実が確定した時点で行われます。ただし、その違反事実が明白な場合は、刑の確定等を待たずに行われることもあります。他法令違反とは、労働安全衛生法違反や建築基準法違反、独占禁止法違反などです。

(2)　社会的影響の大きい事案の勧告

　贈賄等の容疑で建設業者の役職員が逮捕された場合など社会的影響の大きい事案については、国土交通大臣が営業停止処分などを行うまでに相当の期間を要すると見込まれる場合、建設業者に対し法令遵守のための社内体制の整備等を求める内容の勧告が行われることがあります。

(3)　機動的な勧告等の措置

　国土交通大臣は、建設業者に対して公正取引委員会による警告が行われた場合や、建設業者が建設工事を適切に施工しなかったことで公衆に危害を及ぼすおそれが大きい場合、建設業者が工事関係者に死亡者または負傷者を生じさせた場合などで必要があるときは、監督処分に至らない場合であっても勧告等の措置を機動的に行うこととしています。

(4) 指示処分に従っているかどうかの点検、調査

　指示処分が行われた場合は、建設業者が指示に従っているかどうかの点検、調査を行うなどの措置が講じられます。

4　不正行為等が複合する場合の監督処分

　不正行為等が複合する場合の監督処分の基準について定められています。ただし、情状により、必要な加重や軽減がされることがあります。

(1) 1つの不正行為等が2つ以上の処分事由に該当するとき

　1つの不正行為等が2つ以上の処分事由に該当するときは、処分事由に係る監督処分の基準のうち、建設業者に対して最も重い処分を課す基準に従って監督処分が行われることになります。
　例えば、指示処分と営業停止処分に該当する不正行為をした場合、より重い処分である営業停止処分が行われることになります。

(2) 複数の不正行為等が2つ以上の処分事由に該当するとき

①　それぞれが営業停止処分事由に該当するとき
　イ）複数の不正行為等が2つの営業停止処分事由に該当するときは、それぞれの処分事由に係る監督処分の基準に定める営業停止の期間の合計により営業停止処分が行われることになります。

　　　ただし、1 つの不正行為等が他の不正行為等の手段または結
　　果として行われたことが明らかなときは、それぞれの処分事由
　　に係る監督処分の基準のうち、建設業者に対して重い処分を課
　　すこととなるものについて、営業停止の期間が 2 分の 3 倍に加
　　重して行われることになります。

　ロ）複数の不正行為等が 3 つ以上の営業停止処分事由に該当する
　　　ときは、情状により、イ）に定める期間に必要な加重が行われ
　　　ます。

②　ある行為が営業停止処分事由に該当し、他の行為が指示処
　　分事由に該当するとき

　　営業停止処分事由に該当する行為については、上記①または第 2
節「監督処分基準の基本的考え方」に従って営業停止処分が行わ
れ、指示処分事由に該当する行為については、指示処分が行われる
ことになります。

③　それぞれが指示処分事由に該当するとき

　　原則として指示処分が行われることになります。なお、不正行為
等が建設業法第 28 条（指示及び営業の停止）第 1 項各号の 1 つに
該当するときは、不正行為等の内容・程度等により、営業停止処分
が行われることがあります。

　　例えば、2 つの不正行為等があり、1 つの不正行為等について 15
日の営業停止処分、もう 1 つの不正行為等について 30 日の営業停
止処分となる場合は、合計して 45 日の営業停止処分となります。

(3) 複数の不正行為等が 1 つの処分事由に 2 回以上該当するとき

①　1 つの営業停止処分事由に 2 回以上該当するとき

　　営業停止の期間を 2 分の 3 倍に加重したうえで、加重後の基準に
従って、営業停止処分が行われることになります。

② 1つの指示処分事由に2回以上該当するとき

　原則として指示処分が行われることになります。なお、不正行為
等が建設業法第28条（指示及び営業の停止）第1項各号の1つに
該当するときは、不正行為等の内容・程度等により、営業停止処分
が行われることがあります。

　例えば、1つの不正行為等が30日以上の営業停止処分事由に2
回以上該当する場合、30日の2分の3倍である45日以上の営業停
止処分が行われることになります。

5　不正行為等を重ねて行った場合の加重

（1）営業停止処分を受けた建設業者が再度営業停止処分を受ける場合

　営業停止処分を受けた建設業者が営業停止の期間の満了後3年を
経過するまでの間に再度同種の不正行為等を行った場合、その不正
行為等に対して営業停止処分が行われるときは、情状により必要な
加重が行われます。ただし、先行して受けた営業停止処分の日より
前に行った不正行為等により、再度営業停止処分を受ける場合、加
重は行われません。

（2）指示処分を受けた建設業者が指示に従わなかった場合

　建設業者が指示の内容を実行しなかった場合または指示処分を受
けた日から3年を経過するまでの間に指示に違反して再度類似の不
正行為等を行った場合には、情状が重く見られて、営業停止処分が
行われることになります。

　例えば、主任技術者または監理技術者の専任義務違反により指示処分を受けた建設業者が再度、主任技術者または監理技術者の専任義務違反を犯した場合は、営業停止処分となります。

第2節 監督処分の基準の基本的考え方

　ここでは、国土交通省の監督処分基準の三「監督処分の基準」の1「基本的考え方」について解説します。

(1) 建設業法第28条（指示及び営業の停止）第1項各号の1つに該当する不正行為等があった場合

　不正行為等が故意または重過失によるときは原則として営業停止処分が行われ、その他の事由によるときは原則として指示処分が行われます。ただし、情状により、必要な加重または軽減が行われることがあります。

(2) (1) 以外の不正行為等があった場合

① 　建設業法の規定（第19条の3、第19条の4、第19条の5、第24条の3第1項、第24条の4、第24条の5、第24条の6第3項及び第4項を除き、入札契約適正化法第15条第1項の規定により読み替えて適用される第24条の8第1項、第2項及び第4項を含む）、入札契約適正化法第15条（施工体制台帳の作成及び提出等）第2項若しくは第3項の規定又は履行確保法第3条（住宅建設瑕疵担保保証金の供託等）第6項、第4条（住宅建設瑕疵担保保証金の供託等の届出等）第1項、第7条（住宅建設瑕疵担保

保証金の不足額の供託）第 2 項、第 8 条（住宅建設瑕疵担
保保証金の保管替え等）第 1 項若しくは第 2 項若しくは第
10 条（建設業者による供託所の所在地等に関する説明）第
1 項の規定に違反する行為
→指示処分：具体的には、建設業法第 11 条（変更等の届出）、第
　19 条（建設工事の請負契約の内容）、第 40 条の 3（帳簿の備付
　け等）違反等が該当します。

■ 「建設業法の規定」から除かれている規定と含まれている規定

除かれている規定	第 19 条の 3（不当に低い請負代金の禁止） 第 19 条の 4（不当な使用資材等の購入強制の禁止） 第 19 条の 5（著しく短い工期の禁止） 第 24 条の 3（下請代金の支払）第 1 項 第 24 条の 4（検査及び引渡し） 第 24 条の 5（不利益取扱いの禁止） 第 24 条の 6（特定建設業者の下請代金の支払期日等）第 3 項、第 4 項
含まれている規定	入札契約適正化法第 15 条（施工体制台帳の作成及び提出等）第 1 項の規定により読み替えて適用される第 24 条の 8（施工体制台帳及び施工体系図の作成等）第 1 項、第 2 項、第 4 項

② 建設業法第 19 条の 5（著しく短い工期の禁止）の規定に
違反する行為

　建設業者が注文者の立場で、通常必要と認められる期間に比べ
著しく短い期間を工期とした請負契約を締結した場合で特に必要
があると認められるときは、必要な勧告が行われることになりま
す。また、正当な理由がなく勧告に従わない場合は、指示処分が
行われることになります。

（3）不正行為等に関する建設業者の情状が特に重い場合または建設業者が営業停止処分に違反した場合

　→許可取消処分

第3節　監督処分の基準の具体的基準

　ここでは、国土交通省の監督処分基準の三「監督処分の基準」の2「具体的基準」について解説します。(1)から(8)の8つの基準があります。

(1) 公衆危害

① 　建設業者が建設工事を適切に施工しなかったために、公衆に死亡者または3人以上の負傷者を生じさせたことにより、その役職員が業務上過失致死傷罪等の刑に処せられた場合で、公衆に重大な危害を及ぼしたと認められる場合
　→7日以上の営業停止処分
② 　①以外の場合で、危害の程度が軽微であると認められるとき
　→指示処分
③ 　建設業者が建設工事を適切に施工しなかったために公衆に危害を及ぼすおそれが大であるとき
　→・直ちに危害を防止する措置を行うよう勧告が行われる。必要に応じ、指示処分が行われる。
　　・指示処分に従わない場合は、機動的に7日以上の営業停止処分が行われる。
　　・違反行為が建設資材に起因するものであると認められるときは、必要に応じ指示処分が行われる。

(2) 建設業者の業務に関する談合・贈賄等

① 代表権のある役員等（建設業者が個人である場合においてはその者）が刑に処せられた場合
→ 1年間の営業停止処分

② 代表権のない役員等または政令で定める使用人が刑に処せられたとき
120日以上の営業停止処分

③ ①または②以外の場合
→ 60日以上の営業停止処分

④ 独占禁止法に基づく排除措置命令または課徴金納付命令の確定があった場合（独占禁止法第7条の2第18項に基づく通知を受けた場合を含む）
→ 30日以上の営業停止処分

⑤ ①〜④により営業停止処分（独占禁止法第3条違反に係るものに限る）を受けた建設業者に対して、その営業停止の期間の満了後10年を経過するまでの間に①〜④に該当する事由（独占禁止法第3条違反に係るものに限る。）があった場合
→①〜④それぞれの処分事由に係る監督処分基準に定める営業停止の期間を2倍に加重して、1年を超えない範囲での営業停止処分

(3) 請負契約に関する不誠実な行為

建設業者が、入札、契約の締結・履行、契約不適合責任の履行その他の建設工事の請負契約に関するすべての過程において、社会通念上建設業者が有すべき誠実性を欠くものと判断されるものは監督処分の対象となります。

① 虚偽申請
　i　公共工事の請負契約に係る一般競争及び指名競争において、競争参加資格確認申請書、競争参加資格確認資料その他の入札前の調査資料に虚偽の記載をしたときその他公共工事の入札及び契約手続について不正行為等を行ったとき（ⅱに規定される場合を除く）

　　→15日以上の営業停止処分

　ⅱ・完成工事高の水増し等の虚偽の申請を行うことにより得た経営事項審査結果を公共工事の発注者に提出し、公共発注者がその結果を資格審査に用いたとき

　　　→30日以上の営業停止処分

　　・完成工事高の水増し等の虚偽の申請を行うことにより得た経営事項審査結果を公共工事の発注者に提出し、公共発注者がその結果を資格審査に用いた場合において、平成20年国土交通省告示第85号第一の四5（一）に規定する「監査の受審状況」において加点され、かつ、監査の受審の対象となった計算書類、財務諸表等の内容に虚偽があったとき

　　　→45日以上の営業停止処分

② 主任技術者等の不設置等
　　建設業法第26条の規定に違反して主任技術者または監理技術者を置かなかったとき（資格要件を満たさない者を置いたときを含み、特定専門工事の下請負人が主任技術者を置くことを要しないとされているときを除く。）

→15日以上の営業停止処分

・技術検定の受検または監理技術者資格者証の交付申請に際し虚偽の実務経験の証明を行うことによって、不正に資格または監理技術者資格者証を取得した者を主任技術者または監理技術者として工事現場に置いていた場合

→30日以上の営業停止処分

・工事現場に置かれた主任技術者または監理技術者が、建設業法第26条第3項または第26条の3第7項第2号に規定する専任義務に違反する場合

→指示処分。指示処分に従わない場合は、機動的に7日以上の営業停止処分。

③　粗雑工事等による重大な瑕疵

・施工段階での手抜きや粗雑工事を行ったことにより、工事目的物に重大な瑕疵が生じたとき

→15日以上の営業停止処分

・施工段階での手抜きや粗雑工事を行ったことにより、工事目的物に重大な瑕疵が生じた工事が、低入札価格調査が行われた工事である場合

→30日以上の営業停止処分

④　施工体制台帳等の不作成

施工体制台帳または施工体系図の作成を怠ったとき、または虚偽の施工体制台帳または施工体系図の作成を行ったとき

→7日以上の営業停止処分

(4) 建設工事の施工等に関する他法令違反

建設業法以外の法令違反（以下「他法令違反」という）をした場合でも処分の対象となるケースがあります。他法令違反の場合の監督処分にあっては、他法令違反の確認とあわせて、違反行為の内容・程度、建設業の営業との関連等を総合的に勘案して、建設業者として不適当であるか否かの認定を行うこととされています。

また、法人に係る他法令違反については、役員等もしくは政令で定める使用人または法人自体に他法令違反が認められる場合に監督処分を行うこととされています。

① 労働安全衛生法違反等（工事関係者事故等）

・役職員が労働安全衛生法違反により刑に処せられた場合
　　→指示処分

・工事関係者に死亡者または3人以上の負傷者を生じさせたことにより業務上過失致死傷罪等の刑に処せられた場合で、特に重大な事故を生じさせたと認められる場合
　　→3日以上の営業停止処分

② 建設工事の施工等に関する法令違反

　i　建築基準法違反等

　　a・役員等または政令で定める使用人が懲役刑に処せられた場合
　　　　→7日以上の営業停止処分

　　・それ以外の場合で役職員が刑に処せられたとき
　　　　→3日以上の営業停止処分

　　b・建築基準法第9条（違反建築物に対する措置）に基づく措置命令等建設業法施行令第3条の2第1号等に規定する命令を受けた場合
　　　　→指示処分

　　・当該命令に違反した場合
　　　　→3日以上の営業停止処分

　ii　労働基準法違反等

　　・役員等または政令で定める使用人が懲役刑に処せられた場合
　　　　→7日以上の営業停止処分

　　・それ以外の場合で役職員が刑に処せられたとき
　　　　→3日以上の営業停止処分

　iii　宅地造成及び特定盛土等規制法違反、廃棄物処理法違反

　　・役員等または政令で定める使用人が懲役刑に処せられた場合
　　　　→15日以上の営業停止処分

　　・それ以外の場合で役職員が刑に処せられたとき

　　　　→7日以上の営業停止処分
　ⅳ　特定商取引に関する法律違反
　　a・役員等または政令で定める使用人が懲役刑に処せられた場
　　　　合
　　　　　→7日以上の営業停止処分
　　　・それ以外の場合で役職員が刑に処せられたとき
　　　　　→3日以上の営業停止処分
　　b・特定商取引に関する法律第7条（指示等）等に規定する指
　　　　示処分を受けた場合
　　　　　→指示処分
　　　・同法第8条（販売業者等に対する業務の停止等）第1項等
　　　　に規定する業務等の停止命令を受けた場合
　　　　　→3日以上の営業停止処分
　ⅴ　賃貸住宅の管理業務等の適正化に関する法律違反
　　a・役員等または政令で定める使用人が懲役刑に処せられた場
　　　　合
　　　　　→7日以上の営業停止処分
　　　・それ以外の場合で役職員が刑に処せられたとき
　　　　　→3日以上の営業停止処分
　　b・賃貸住宅の管理業務等の適正化に関する法律第33条（指
　　　　示）第2項に規定する指示処分を受けた場合
　　　　　→指示処分
　　　・同法第34条（特定賃貸借契約に関する業務の停止等）第
　　　　2項の規定により、特定賃貸借契約の締結について勧誘を
　　　　行うことを停止すべき命令を受けた場合
　　　　　→3日以上の営業停止処分
③　信用失墜行為等
　ⅰ　法人税法、消費税法等の税法違反
　　・役員または政令で定める使用人が懲役刑に処せられた場合

　　　　　→７日以上の営業停止処分
　　・それ以外の場合で役職員が刑に処せられたとき
　　　　　→３日以上の営業停止処分
　ⅱ　暴力団員による不当な行為の防止等に関する法律違反（第
　　32条の３第７項の規定を除く）等
　　・役員等または政令で定める使用人が懲役刑に処せられた場合
　　　　　→７日以上の営業停止処分
①　健康保険法等違反、厚生年金保険法違反、雇用保険法違反
　ⅰ・役員等または政令で定める使用人が懲役刑に処せられた場合
　　　　　→７日以上の営業停止処分
　　・それ以外の場合で役職員が刑に処せられたとき
　　　　　→３日以上の営業停止処分
　ⅱ・健康保険、厚生年金保険または雇用保険（以下「健康保険
　　　等」という）に未加入であり、かつ、保険担当部局による立
　　　入検査を正当な理由がなく複数回拒否する等、再三の加入指
　　　導等に従わず引き続き健康保険等に未加入の状態を継続し、
　　　健康保険法、厚生年金保険法または雇用保険法に違反してい
　　　ることが保険担当部局からの通知により確認された場合
　　　　　→指示処分
　　・指示処分に従わない場合
　　　　　→３日以上の営業停止処分

(5) 一括下請負等

　ａ・建設業者が建設業法第22条（一括下請負の禁止）の規定に
　　　違反したとき
　　　　　→15日以上の営業停止処分
　　・ただし、元請負人が施工管理等について契約を誠実に履行し
　　　ない場合等、建設工事を他の建設業者から一括して請け負っ

た建設業者に酌量すべき情状があるとき

→営業停止の期間について必要な軽減が行われる。

b　建設業者が建設業法第26条の3第9項の規定に違反したとき

→15日以上の営業停止処分

(6) 主任技術者等の変更

・主任技術者または監理技術者が工事の施工の管理について著しく不適当であり、かつ、その変更が公益上必要であると認められるとき

→直ちに当該技術者の変更についての書面での勧告が行われ、必要に応じ指示処分

・指示処分に従わない場合

→7日以上の営業停止処分

(7) 無許可業者等との下請契約

a・建設業者が、建設業法第3条（建設業の許可）第1項の規定に違反して同行の許可を受けないで建設業を営む者と下請契約をしたとき

→7日以上の営業停止処分

・ただし、建設業者に酌量すべき情状があるとき

→営業停止の期間について必要な軽減が行われる。

b・建設業者が、特定建設業以外の建設業を営む者と下請代金の額が建設業法第3条（建設業の許可）第1項第2号の政令で定める金額以上となる下請契約を締結したとき

→当該建設業者及び当該特定建設業者以外の建設業を営む者で一般建設業者である者に対し15日以上の営業停止処分

・ただし、建設業者に酌量すべき情状があるとき
　　→営業停止の期間について必要な軽減が行われる。
c　建設業者が、情を知って、営業停止処分を受けた者等と下請
　契約を締結したとき
　　→７日以上の営業停止処分

(8) 履行確保法違反

a・履行確保法第５条（住宅を新築する建設工事の請負契約の新
　たな締結の制限）の規定に違反した場合
　　→指示処分
・指示処分に従わない場合
　　→15日以上の営業停止処分
b・履行確保法第３条（住宅建設瑕疵担保保証金の供託等）第１
　項または第７条（住宅建設瑕疵担保保証金の不足額の供託）
　第１項の規定に違反した場合
　　→指示処分
・指示処分に従わない場合
　　→７日以上の営業停止処分

国土交通省の監督処分基準の四「その他」について解説します。「その他」には、監督処分をする国土交通大臣や地方整備局長等の不正行為に対する姿勢など、監督処分の基準ではないものが規定されています。

(1) 法の厳正な運用について

建設業許可または経営事項審査に係る虚偽申請等建設業法に規定する罰則の適用対象となる不正行為等については、告発をもって臨むなど、法の厳正な運用に努めるとされています。

「告発」とは、（告訴権者以外の者が）捜査機関に対し、犯罪事実を申告して、犯人の処罰を求めることをいいます。告発がなされると、司法警察員は関係する書類及び証拠物を検察官に送致（書類送検）する義務を負い、検察官は処分結果を告発人に通知する義務を負います。

(2) 不正行為等に対する監督処分に係る調査等について

不正行為等に対する監督処分に係る調査等は、原則として、不正行為等があった時から3年以内に行うものとするとされています。行為があった時から3年を超えた不正行為等について、原則として、調査等の対象とはなりませんので、不正行為等から3年を経過

すると、基本的には監督処分がなされることはないものと考えられます。

　ただし、他法令違反等に係る監督処分事由に該当する不正行為等であって、公訴提起されたもの等についてはこの限りでないとされています。

（3）監督処分の公表について

　監督処分の内容については、速やかに公表するとされています。

第4章

検査項目

本章では、立入検査での検査項目について説明します。どのような項目についてチェックされるかを事前に知ることで、対策をすることができますので、しっかりと確認しておきましょう。

第1節 施工体制台帳

1 施工体制台帳とは

　施工体制台帳とは、建設工事を請け負うすべての建設業者名、各事業者の施工範囲や内容及び工期、各業者の技術者氏名、各業者の社会保険加入状況などを記載した台帳のことです。

　施工体制台帳は、次の目的のために作成します（建設業法第24条の8）。

　① 品質・工程・安全などの施工上のトラブルの発生を防ぐ

　② 不良不適格業者の参入や建設業法違反を防ぐ

　③ 安易な重層下請を防ぐ

■施工体制台帳の書式

施工体制台帳（作成例）

年　月　日

[会社名・事業者ID]

[事業所名・現場ID]

《下請負人に関する事項》

会社名・事業者ID

出典：国土交通省「施工体制台帳、施工体系図等」（https://www.mlit.go.jp/totikensangyo/const/1_6_bt_000191.html）を加工して作成

2 作成が求められるケース

施工体制台帳は、発注者から直接建設工事を請け負った元請業者（特定建設業者）が工事の着工前までに作成しなければならないものです。施工体制台帳の作成が求められるケースは、公共工事と民間工事では異なります。

■施工体制台帳の作成が求められるケース

公共工事	金額に関わらず下請契約をしたとき（公共工事の入札及び契約の適正化の促進に関する法律第15条）
民間工事	4,500万円（建築一式工事の場合7,000万円）以上の下請契約をしたとき（建設業法施行令第7条の4）

また、作成した施工体制台帳は、工事施工中は現場に備え置き、完了後は5年間保存する義務があります。

3 施工体制台帳に関する検査項目

施工体制台帳には決まった様式はありませんが、記載しなければならない事項と添付書類は規定されています。施工体制台帳に関する検査では、次の記載事項が網羅されているか、必要な書類がすべて添付されているかを確認されます（建設業法施行規則第14条の2）。

■施工体制台帳の記載事項

【元請負人に関する事項】

・建設業許可の内容 ※すべての許可業種

・健康保険等の加入状況

・建設工事の名称・内容・工期

・発注者との契約内容（発注者の商号、契約年月日等）

・発注者が置く監督員の氏名等

・元請業者が置く現場代理人の氏名等

・配置技術者の氏名、資格内容、専任・非専任の別

・従事する者の氏名等

・外国人材の従事の状況

【下請負人に関する事項】

・商号・住所

・建設業許可の内容 ※請け負った工事に係る許可業種

・健康保険等の加入状況

・下請契約した工事の名称・内容・工期

・下請契約の締結年月日

・注文者が置く監督員の氏名等

・現場代理人の氏名等

・配置技術者の氏名、資格内容、専任・非専任の別

・従事する者の氏名等

・外国人材の従事の状況

■施工体制台帳の添付書類

・発注者との契約書等の写し

・下請負人が注文者との間で締結した契約書等の写し

　※民間工事の場合で、作成建設業者が注文者となる下請契約以

外の下請契約については、請負代金額を除いたもの（元請・
　　一次下請間の契約書等には請負代金額の記載が必要）
・元請負人の配置技術者が監理技術者資格を有することを証する
　書面
・監理技術者補佐を置くときは、監理技術者補佐資格を有するこ
　とを証する書面
・専門技術者を置いた場合は、その者の資格を証明できるものの
　写し
・監理技術者、監理技術者補佐及び専門技術者の雇用関係を証明
　できるものの写し

第2節　施工体系図

1　施工体系図とは

　施工体系図とは、施工体制台帳に基づいて、各下請負人の施工分担関係が一目でわかるように樹上図等の形で示した図のことです。施工体系図には工事に携わる関係者全員が記載されています（建設業法第24条の8）。

■施工体系図の様式

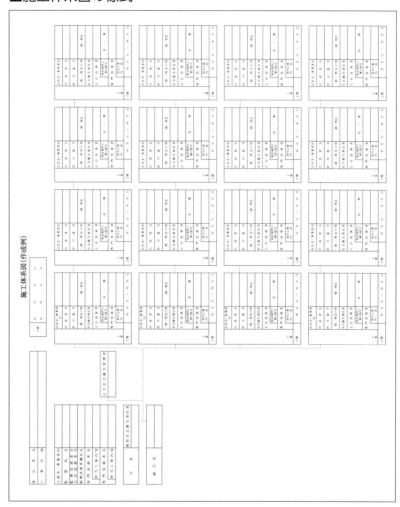

出典：国土交通省「施工体制台帳、施工体系図等」（https://www.mlit.go.jp/
totikensangyo/const/1_6_bt_000191.html）を加工して作成

2　作成が求められるケース

　施工体系図は、施工体制台帳と一緒に作成するものです。つまり、施工体系図の作成も発注者から直接建設工事を請け負った元請業者（特定建設業者）が行います。また、作成が求められるケースは、施工体制台帳と同じです。

■施工体系図の作成が求められるケース

公共工事	金額に関わらず下請契約をしたとき
民間工事	4,500万円（建築一式工事の場合7,000万円）以上の下請契約をしたとき

　作成した施工体系図は、工事の期間中、次のとおり掲示をしなければなりません。

■施工体系図の掲示

公共工事	工事現場の工事関係者が見やすい場所及び公衆の見やすい場所
民間工事	工事現場の工事関係者が見やすい場所

　施工体系図は、現に施工中（契約書上の工期中）の建設業者の表示を行う必要があります。そのため、工事の進行状況によっては表示すべき下請業者に変更が生ずることがあり、その場合は施工体系図の表示も変更しなければなりません（公共工事の入札及び契約の適正化の促進に関する法律第15条）。

3 施工体系図に関する検査項目

　施工体系図も施工体制台帳と同様に決まった様式はありませんが、記載しなければならない事項が規定されています。施工体系図に関する検査では、次の記載事項が網羅されているか確認されます（建設業法施行規則第 14 条の 6）。

■施工体系図の記載事項

【元請人に関する事項】
・商号または名称
・請け負った建設工事の名称及び工期
・発注者の商号、名称または氏名
・当該作成建設業者が置く主任技術者または監理技術者の氏名
・監理技術者補佐を置くときは、その者の氏名
・専門技術者を置くときは、その者の氏名及びその者が管理をつかさどる建設工事の内容
【下請負人に関する事項】
・商号または名称
・代表者の氏名
・一般建設業または特定建設業の別
・許可番号
・請け負った建設工事の内容及び工期
・特定専門工事の該当の有無
・下請負人が置く主任技術者の氏名
・専門技術者を置くときは、その者の氏名及びその者が管理をつかさどる建設工事の内容

第3節　現場の技術者

1　監理技術者・主任技術者とは

　現場に配置する監理技術者及び主任技術者（以下「監理技術者等」という）とは、建設工事の適正な施工を確保するために配置する技術者であって、施工状況の管理及び監督を行う者のことをいいます。建設業者は、請け負った建設工事を施工する場合には、請負金額や元請・下請の立場に関わらず、工事現場には主任技術者を配置しなければなりません。ただし、発注者から直接工事を請け負った元請業者で、一次下請への発注総額が4,500万円（建築一式工事の場合は7,000万円）以上となるときは、主任技術者に代えて、監理技術者を置かなければなりません。

　工事現場ごとに監理技術者等の配置が求められているのは次の理由からです。

・適正かつ生産性の高い施工を確保するため高い技術力を有する技術者を工事現場ごとに配置
・建設生産物ならびに施工の特性を踏まえ、技術者の技術力が必要

■工事現場ごとの技術者配置の必要性

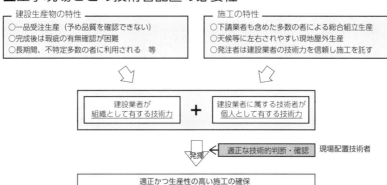

出典：国土交通省「適正な施工のための技術者の役割等の明確化」(https://www.mlit.go.jp/common/001149079.pdf)

　監理技術者等は、技術者であれば誰でもなれるわけではなく、建設工事の内容に合致した所定の資格や経験を有するなどの資格要件を満たした者でなければなることができません（資格要件の一覧は192ページを参照）。

2　求められる雇用関係

　監理技術者等は、工事を請け負った建設業者との間に直接的かつ恒常的な雇用関係が必要です（国土交通省「監理技術者制度運用マニュアル」2－4参照）。「建設業者が組織として有する技術力」と「建設業者に属する技術者が個人として有する技術力」を組み合わせて発揮するために、このような雇用関係が求められています。

　まず、「直接的な雇用関係」とは、監理技術者等とその建設業者との間に第三者の介入する余地のない雇用であって、賃金、労働時間、雇用等の一定の権利義務関係が存在する雇用関係をいいます。つまり、在籍出向社員や派遣社員は、直接的な雇用関係があるとは

認められず、監理技術者等になることはできません。

　次に、「恒常的な雇用関係」とは、一定の期間にわたりその建設業者に勤務し、日々一定時間以上職務に従事することが担保されている雇用関係をいいます。また、公共工事においては、元請の専任の監理技術者等についてはその建設業者から入札の申込みのあった日以前に3ヶ月以上の雇用関係にある者が恒常的な雇用関係にあるとされています。つまり、ある1つの工事期間のみの短期雇用者は、恒常的な雇用関係にあるとは認められず、監理技術者等になることはできません。

3　専任配置義務

　監理技術者等が、公共性のある施設もしくは工作物または多数の者が利用する施設もしくは工作物に関する重要な建設工事（以下「公共性のある重要な建設工事」という）に設置される場合、その工事に専任でなければなりません。「専任」とは、他の工事現場に係る職務を兼務せず、常時継続的に配置された建設工事現場に係る職務にのみ従事することを意味しています。そのため、営業所の専任技術者との兼務や他の工事現場との兼務はできません。

　公共性のある重要な建設工事とは、次ページの施設または工作物に関する工事であって、工事の請負金額が4,000万円（建築一式工事の場合は8,000万円）以上の工事をいいます。

| 公共性のある施設または工作物
または
多数の者が利用する施設または工作物 | | 専任 |

請負金額 **4,000 万円**（建築一式
工事の場合は 8,000 万円）**以上**

■公共性のある重要な建設工事に該当するもの

①国又は地方公共団体が注文者である施設又は工作物に関する建設工事

②鉄道、軌道、索道、道路、橋、護岸、堤防、ダム、河川に関する工作物、砂防用工作物、飛行場、港湾施設、漁港施設、運河、上水道又は下水道施設又は工作物に関する建設工事

③電気事業用施設、ガス事業用施設又は工作物に関する建設工事

④石油パイプライン事業法第 5 条第 2 項第 2 号に規定する事業用施設に関する工事

⑤電気通信事業者が電気通信事業の用に供する施設に関する工事

⑥鉄塔（放送の用に供する施設）、学校、図書館、美術館、博物館、展示場、社会福祉事業の用に供する施設、病院、診療所、火葬場、と畜場、廃棄物処理施設、熱供給施設、集会場、公会堂、市場、百貨店、事務所、ホテル、旅館、共同住宅、寄宿舎、下宿、公衆浴場、興行場、ダンスホール、神社、寺院、教会、工場、ドック、倉庫、展望塔

参照：建設業法第 26 条、建設業法施行令第 27 条

　公共性のある重要な建設工事とは、公共工事に限らず民間工事も含まれます。個人住宅や長屋を除くほとんどの施設が該当します。

　監理技術者等の専任配置は、元請・下請の区別はありません。つまり、下請工事であっても公共性のある重要な建設工事に該当すれば専任配置が必要になります。

4　技術者に関する検査項目

　これまで説明したとおり、監理技術者等になるためには要件があります。検査では、それらの要件を満たした技術者であるかどうか、さらに技術者が適正に現場に配置されているかを確認されます。検査項目は次のとおりです。

① 　監理技術者等の保有資格または実務経験
② 　（専任配置が必要な場合）専任配置の有無と配置期間
③ 　監理技術者等の雇用関係
④ 　営業所専任技術者の現場配置の有無

第4節 見積依頼及び見積り

1 見積依頼

　下請業者への見積依頼について、建設業法ではいくつかのルールを定めています（建設業法第 20 条、第 20 条の 2）。

　1 つ目のルールは、見積依頼の方法です。下請業者へ見積依頼をする際、工事に関する条件や情報を明確に提示して依頼をしなければなりません。条件等の提示があれば、その手段は書面でも口頭でも構いません。手段については、建設業法の定めがないためです。

　2 つ目のルールは、提示しなければならない条件等についてです。条件等とは次の 14 項目であり、これらすべてを提示しなければなりません。

■見積依頼で示す 14 項目

① 工事内容

② 工事着手の時期及び工事完成の時期

③ 工事を施工しない日又は時間帯の定めをするときは、その内容

④ 請負代金の全部又は一部の前払金又は出来形部分に対する支払の定めをするときは、その支払の時期及び方法

⑤ 当事者の一方から設計変更又は工事着手の延期若しくは工事の全部若しくは一部の中止の申出があった場合における工期の

変更、請負代金の額の変更又は損害の負担及びそれらの額の算定方法に関する定め

⑥　天災その他不可抗力による工期の変更又は損害の負担及びその額の算定方法に関する定め

⑦　価格等（価格統制令（昭和 21 年勅令第 118 号）第 2 条に規定する価格等をいう。）の変動若しくは変更に基づく請負代金の額又は工事内容の変更

⑧　工事の施工により第三者が損害を受けた場合における賠償金の負担に関する定め

⑨　注文者が工事に使用する資材を提供し、又は建設機械その他の機械を貸与するときは、その内容及び方法に関する定め

⑩　注文者が工事の全部又は一部の完成を確認するための検査の時期及び方法並びに引渡しの時期

⑪　工事完成後における請負代金の支払の時期及び方法

⑫　工事の目的物が種類又は品質に関して契約の内容に適合しない場合におけるその不適合を担保すべき責任又は当該責任の履行に関して講ずべき保証保険契約の締結その他の措置に関する定めをするときは、その内容

⑬　各当事者の履行の遅滞その他債務の不履行の場合における遅延利息、違約金その他の損害金

⑭　契約に関する紛争の解決方法

このうち①工事内容については、さらに 8 つの事項を提示するようにします。

①　工事名称
②　施工場所
③　設計図書（数量等を含む）
④　下請工事の責任施工範囲
⑤　下請工事の工程及び下請工事を含む工事の全体工程

⑥　見積条件及び他工種との関係部位、特殊部分に関する事項
⑦　施工環境、施工制約に関する事項
⑧　材料費、労働災害防止対策、産業廃棄物処理等に係る元請下
　　請間の費用負担区分に関する事項

　3つ目のルールは、見積期間の設定です。下請業者に適切な見積
を作成してもらうため、一定の見積作成のための期間を設けなけれ
ばならないと定められています。見積期間は下請業者への発注予定
価格に応じて定められています。

■見積期間

下請工事の予定価格の金額	見積期間
500万円に満たない工事	中1日以上
500万円以上5,000万円に満たない工事	中10日以上
5,000万円以上の工事	中15日以上

　見積依頼から請負契約の締結までに設けなければならない期間
で、土日祝日を含めて考えます。また、この見積期間は原則として
短縮はできませんが、天災により早急な復旧工事が必要な場合等、
やむをえない事情があれば例外的に5日以内に限り短縮することが
できます。これは、下請工事の予定価格が500万円以上の場合に限
ります（建設業法第20条、建設業法施行令第6条）

2　法定福利費

　下請業者から見積書の提出があったら、見積書に法定福利費の内
訳記載があるか、確認をするようにしてください。法定福利費と

は、健康保険や厚生年金保険の「社会保険料」や雇用保険や労災の「労働保険料」のうち企業が負担する費用のことです。建設業法上、法定福利費の内訳記載は義務ではありませんが、建設工事において通常必要と認められる原価に含まれるため、適切な金額を見積金額に含めていることを示すためにも、内訳記載をしていただくことがよいでしょう（建設業法第19条の3、第20条）。

3　見積依頼及び見積りに関する検査項目

　これまでみたとおり、見積りに関するルールはいくつもあり、立入検査ではそれらのルールを守っているかどうかを確認されます。検査項目は次のとおりです。
　①　見積依頼の内容とその方法
　②　見積期間の設定
　③　法定福利費に関する記載

　③法定福利費については、見積金額に法定福利費を含んでいるかどうかの記載だけでは不十分で、法定福利費の内訳記載があるか、さらに、内訳の金額が労務費に見合った額になっているかを確認されます。

第5節 工事請負契約書

1 契約方法と契約時期

　建設工事の請負契約は、注文者が強い立場となりがちです。建設工事の請負契約は、各々の対等な立場における合意に基づいて公正な契約を締結し、信義に従って誠実にこれを履行することが原則とされています（建設業法第18条）。そのため、建設工事の請負契約は書面で行うことが義務付けられています。また、当該書面には、請負契約の当事者の署名または記名押印が必要で、かつ、相互に交付をしなければなりません（建設業法第19条）。

　書面での契約締結方法は、基本的に次の3パターンのいずれかです。

① 請負契約書
② 基本契約書　＋　注文書・請書の交換
③ 注文書・請書の交換

　契約の締結は、書面以外にも、電子契約で行うことが認められています。国土交通省は、次の電子契約の技術的基準の要件を満たすシステムであれば、書面に代わり電子での契約を認めています（建設業法施行令第5条の5）。

○　電子契約の技術的基準の要件（建設業法施行規則第 13 条の 4）

① 　見読性

　契約相手がファイルへの記録を出力することで書面を作成することができること

② 　原本性

　ファイルに記録された契約事項等について、改変が行われていないかどうかを確認することができる措置を講じていること

③ 　本人性

　契約相手が本人であることを確認することができる措置を講じていること

　また、建設工事の請負契約は、工事の着工前までに行うことが必要です。ただし、災害時等のやむを得ない場合は例外的に着工後でも構いませんが、必ず請負契約書等の書面は作成するようにしてください。

2　契約書に記載すべき事項

　建設業法第 19 条では、契約書に記載すべき事項が定められており、それらすべてを網羅しなければなりません。記載すべき事項は、契約の内容となる重要な事項で、次の 15 項目です。

■契約書に記載すべき 15 項目

① 　工事内容

② 　請負代金の額

③ 　工事着手の時期及び工事完成の時期

④　工事を施工しない日又は時間帯の定めをするときは、その内容

⑤　請負代金の全部又は一部の前払金又は出来形部分に対する支払の定めをするときは、その支払の時期及び方法

⑥　当事者の一方から設計変更又は工事着手の延期若しくは工事の全部若しくは一部の中止の申出があった場合における工期の変更、請負代金の額の変更又は損害の負担及びそれらの額の算定方法に関する定め

⑦　天災その他不可抗力による工期の変更又は損害の負担及びその額の算定方法に関する定め

⑧　価格等（価格統制令（昭和21年勅令第118号）第2条に規定する価格等をいう。）の変動若しくは変更に基づく請負代金の額又は工事内容の変更

⑨　工事の施工により第三者が損害を受けた場合における賠償金の負担に関する定め

⑩　注文者が工事に使用する資材を提供し、又は建設機械その他の機械を貸与するときは、その内容及び方法に関する定め

⑪　注文者が工事の全部又は一部の完成を確認するための検査の時期及び方法並びに引渡しの時期

⑫　工事完成後における請負代金の支払の時期及び方法

⑬　工事の目的物が種類又は品質に関して契約の内容に適合しない場合におけるその不適合を担保すべき責任又は当該責任の履行に関して講ずべき保証保険契約の締結その他の措置に関する定めをするときは、その内容

⑭　各当事者の履行の遅滞その他債務の不履行の場合における遅延利息、違約金その他の損害金

⑮　契約に関する紛争の解決方法

　契約書に記載すべき事項は、第4節で取り上げた「見積依頼で示す項目14項目」に②請負代金の額を追加した15項目になります。つまり、見積条件として提示した内容を契約書に反映させることになります。

　なお、建設業法第19条第1項には、16項目目として「その他国土交通省令で定める事項」が定められていますが、本書執筆時現在では、国土交通省令で定められている事項はありませんので、実質的に15項目となっています。

　150ページの契約の締結方法3パターンに記載事項を当てはめると次ページのようになります。

①契約書による場合

契約書

①〜⑮の事項を記載する

③注文書・請書の交換による場合

注文書・請書

それぞれに①〜⑮の事項を記載する

or

②基本契約書と注文書・請書
　の交換による場合

基本契約書　　　　　注文書・請書

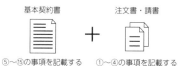

⑤〜⑮の事項を記載する　　①〜④の事項を記載する

注文書・請書　約款

①〜④の事項を記載した注文書・請書に、
⑤〜⑮の事項を記載した約款をそれぞれ添付する

3　契約が追加・変更となった場合

　工事が進むにつれて、追加工事が発生したり、工事に遅れが出て工期の延長が必要になったり、当初契約の内容に追加・変更が生ずることがあります。その場合、必ず追加・変更の内容について変更契約を締結する必要があります。変更契約の場合も、当初契約と同様のルールが適用されます（建設業法第19条）。

4　工事請負契約書に関する検査項目

　契約書に関しては、当初契約だけでなく変更契約も含めすべての契約書が確認されます。
① 　契約方法（書面か電子か、また書面の場合3パターンのいずれの方法か）
② 　変更契約の有無とその契約
③ 　契約書の記載事項
④ 　契約締結の時期

第6節　支払状況

1　契約額と支払額の関係

　下請代金の支払いに関しては、まず契約書等の金額と実際に支払った金額が一致している必要があります。当初契約から契約内容を変更している場合は、変更契約等も含めて一致していなければなりません。また、出来形払いをしている場合は、すべてを合算した金額と契約書等が一致している必要があります。

　契約書等の金額と実際に支払った金額が一致していない場合、赤伝処理として建設業法に違反するおそれがあります。赤伝処理とは、元請業者が次ページのような行為を行うことをいいます。

　赤伝処理をすること自体が建設業法に違反するわけではありません。元請業者が一方的に支払額を減額してしまう行為が建設業法違反となります。そのため、次ページのような行為をする場合は、あらかじめ下請業者との合意や協議を行い、その内容を見積条件や契約書面に明示するようにしてください。

■赤伝処理として建設業法違反のおそれがある行為

① 一方的に提供又は貸与した安全衛生保護具等の費用を支払時に差引く

② 下請代金の支払に関して発生する下請代金の振り込み手数料等の費用を支払時に差引く

③ 下請工事の施工に伴い、副次的に発生する建設副産物の運搬処理費用を支払時に差引く

④ 駐車場代、弁当ごみ等のごみ処理費用、安全協力会費並びに建設キャリアアップシステムに係るカードリーダー設置費用及び現場利用料等の費用を支払時に差引く

出典：国土交通省「建設業法令遵守ガイドライン（第9版）」9. 赤伝処理

2 支払い手段

　建設業法第24条の3第2項において「下請代金のうち労務費に相当する部分については、現金で支払うよう適切な配慮をしなければならない。」との規定があることから、労務費か否かに関わらず、下請代金の支払いは現金で行うことが望ましいとされています（国土交通省「建設業法令遵守ガイドライン（第9版）」10－2）。ここでいう現金払いとは、現金そのものだけでなく、銀行振込や小切手による支払いも含まれます。ただし、手形払いは、現金化するまでに一定の期間を要するため、現金払いに含まれません。現金払いとは、現金にしたいときにすぐ現金化できる方法と考えてください。

　ただし、現金払いをしていないからといって、ただちに建設業法違反となるわけではありません。できる限り現金で支払うように配慮することを義務としているだけですので注意してください。

3　支払期間に関するルール

　建設業法には支払期間に関するルールがいくつか定められています。まず１つ目は、１ヶ月ルールです。出来形に対する支払いまたは工事が完成した後の支払いを受けたときは、支払対象となった工事を施工した下請業者に対して、支払いを受けた日から１ヶ月以内に支払わなければなりません（建設業法第24条の３第１項）。どの立場であっても、下位の下請業者に対する注文があれば、支払期間に関するルールが適用されるため、注意が必要です。

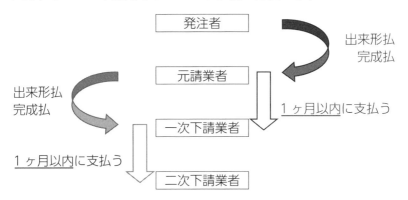

　２つ目のルールは、50日ルールです。これは、特定建設業者のみが守らなければならないルールで、下請業者から工事の目的物の引渡申出があった場合、引渡申出日から起算して50日以内に下請代金を支払わなければならないというものです。

　特定建設業者は、発注者または上位の注文者からの支払いがされていない状況だとしても、下請業者からの引渡申出日から50日を超える前に下請業者に対して支払いをしなければなりません。特定建設業者であれば、どの立場であっても下位の下請業者に対する注文があればこのルールも適用されます。

　ただし、下請業者が特定建設業者または資本金額4,000万円以上

の一般建設業者である場合は、このルールの適用はありません。ある程度の資金力がある建設業者に対しては、適用外とされています（建設業法第24条の6）。

　つまり、特定建設業者の場合、2つのルールのうち、より早い支払いルールで下請業者に対して支払いをする必要があるということになります。支払期日を超過しないように注意してください。

〈ケース①〉引渡申出日から50日を先に迎えるケース

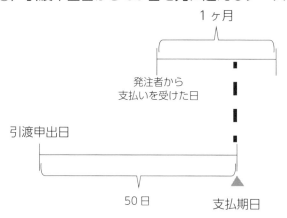

〈ケース②〉発注者から支払いを受けた日から1ヶ月を先に迎えるケース

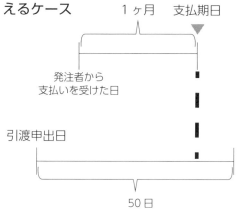

■支払いルール

出典：国土交通省　関東地方整備局「建設工事の適正な施工を確保するための
建設業法」

建設業許可は、その種類ごとに特定建設業許可、一般建設業許可のいずれかを選択することができます。特定建設業許可と一般建設業許可のどちらも保有している建設業者の場合はどのように考えたらよいでしょうか。特定建設業許可を保有している建設業者は財産的基礎の要件を満たしており、資金を有している業者であると考えられます。そのため、特定建設業者が請け負った工事の種類によって判断するのではなく、1つでも特定建設業許可を保有している建設業者は、2つのルールを遵守するようにするのがよいでしょう。

4　支払状況に関する検査項目

支払状況に関する検査項目は次のとおりです。
① 　契約額と支払額が一致しているか（赤伝処理の有無）
② 　下請代金の支払方法（労務費相当額の支払方法）
③ 　現金払いと手形払いの比率
④ 　（手形払いがある場合）手形のサイト（手形サイトが60日以上になっていないか）
⑤ 　契約書における支払いの時期及びその方法に関する定め
⑥ 　発注者から支払いを受けた日からの支払期間
⑦ 　（特定建設業者の場合）引渡申出日からの支払期間

第7節　保管書類

　建設業法では、工事完了後に保管すべき書類とその保管期間が定められています。

1　帳　簿

　建設業法第 40 条の 3 では、営業所ごとに帳簿を作成し備えなければならないと定められています。ここでいう帳簿とは、会計帳簿とはまったく異なるもので、次の内容を記載した書面のことをいいます。

■帳簿に記載すべき内容（建設業法施行規則第 26 条）

> ①　営業所の代表者の氏名及びその就任日
> ②　請け負った建設工事の契約に関する事項
> 　1.　工事の名称、工事現場の所在地
> 　2.　契約日
> 　3.　注文者の商号、住所、許可番号
> 　4.　注文者による完成検査の完了日
> 　5.　目的物の引渡日
> ③　発注者と締結した住宅の新築工事の請負契約に関する事項
> 　1.　住宅の床面積
> 　2.　建設業者の建設瑕疵負担割合

3. 発注者に交付している住宅瑕疵担保責任保険法人
④ 下請契約に関する事項
  1. 工事の名称、工事現場の所在地
  2. 契約日
  3. 下請業者の商号、住所、許可番号
  4. 完成検査の完了日
  5. 目的物の引渡しを受けた日

　また、特定建設業の許可を受けている者が注文者となって、資本金が 4,000 万円未満の一般建設業者に建設工事を下請発注した場合、次の事項についても記載が必要となります。
  1. 支払った下請代金の額、支払日とその手段
  2. （支払手形を交付したとき）手形の金額、交付年月日、手形の満期
  3. （代金の一部を支払ったとき）下請代金の支払残額
  4. 遅延利息の額、支払日（下請からの引き渡しの申出から 50 日を経過した場合に発生する遅延利息（年 14.6％）の支払いに係るもの）

　帳簿の様式は定められていないため、記載すべき事項が網羅されていれば、そのかたちは自由です。ただし、帳簿には、次の書類も一緒に備えて保管しておく必要があります。

■帳簿の添付書類

① 契約書　※写し可
② 特定建設業者が注文者となって、資本金が 4,000 万円未満の一般建設業者に下請発注した場合には、下請代金の支払済額、支払った年月日及び支払手段を証明する書類（領収書等）※写し可

③ （施工体制台帳を作成したとき）工事完了後に必要な部分のみを抜粋

1. 監理技術者の氏名と、保有の監理技術者資格
2. 専門技術者の氏名と、管理を担当した建設工事の内容、保有の主任技術者資格
3. 下請負人の商号・名称、許可番号
4. 下請負人に請け負わせた建設工事の内容、工期
5. 下請業者が置いた主任技術者の氏名、保有の主任技術者資格
6. （下請負人が専門技術者を置いたとき）氏名と、管理を担当した建設工事の内容、保有の主任技術者資格

※電磁記録による保存は可

　帳簿を作成したら、5 年間（発注者と締結した新築住宅を新築する建設工事に係るものは 10 年間）保存しなければならないと定められています（建設業法施行規則第 28 条）。保存期間の起算は、作成日ではなく、建設工事の目的物を引き渡したときからになります。請け負った工事ごとに保存期間の終わりが異なるので注意してください。

2　営業に関する図書

　営業に関する図書も帳簿と同様に、営業所ごとに保存が義務付けられています（建設業法第 40 条の 3）。その保存期間は、帳簿の保存期間よりも長く、建設工事の目的物を引き渡したときから 10 年間となります（建設業法施行規則第 28 条）。また、営業に関する図書は、改めて作成するものではなく、すでに作成された書類のうち一部を取りまとめたものになります。

■営業に関する図書（建設業法施行規則第 26 条）

① 完成図

② 発注者との打合せ記録

③ 施工体系図

※電磁記録による保存は可

3 保管書類に関する検査項目

帳簿や営業に関する図書に関する検査項目は次のとおりです。

① 書類の整備状況

② 書類の保存期間

第8節　標　識

　建設業法では、建設業の営業または建設工事の施工が建設業許可を受けた事業者によってなされていることを対外的に明らかにするため、建設業者には営業所及び建設工事の現場ごとに標識を掲げる義務があります（建設業法第 40 条）。それぞれの標識を掲げる場所は、公衆の見やすい場所になります。

1　営業所に掲げる標識

　営業所に掲げる標識は次のとおりです。大きさが決まっているので、規定の範囲未満とならないよう注意が必要です。

■営業所に掲げる標識（建設業法施行規則様式第 28 号）

また、営業所に掲げる標識は大きさの規定だけでなく、記載すべき事項が定められているため、それらを網羅している標識でなければなりません。

■営業所に掲げる標識に記載すべき事項（建設業法施行規則第25条）

① 　一般建設業または特定建設業の別
② 　許可年月日、許可番号及び許可を受けた建設業
③ 　商号または名称
④ 　代表者の氏名

2　工事現場に掲げる標識

　工事現場に掲げる標識は、その工事の元請となる建設業者のみに掲示の義務が発生します（建設業法第40条）。つまり、下請として工事する建設業者は現場では標識掲示の義務がないため、現場に標識を掲げる必要はありません。

■工事現場に掲げる標識（建設業法施行規則様式第29号）

建設業の許可を受けた建設業者が標識を建設工事の現場に掲げる場合

建　設　業　の　許　可　票			
商　号　又　は　名　称			
代　表　者　の　氏　名			
主任技術者の氏名	専　任　の　有　無		
	資　格　名	資格者証交付番号	
一般建設業又は特定建設業の別			
許　可　を　受　け　た　建　設　業			
許　　可　　番　　号	国土交通大臣 知事 許可（　）第　　　号		
許　　可　　年　　月　　日			

25cm以上

35cm以上

　営業所に掲げる標識と大きさの規定が異なることに注意してください。また、標識に記載すべき事項も異なる点があるため注意が必要です。

■工事現場に掲げる標識に記載すべき事項（建設業法施行規則第25条）

①　一般建設業または特定建設業の別
②　許可年月日、許可番号及び許可を受けた建設業
③　商号または名称
④　代表者の氏名
⑤　主任技術者または監理技術者の氏名

3　標識に関する検査項目

　標識が適正に掲示されているかどうか、営業所に掲げる標識については、立入検査時に直接目視で確認されます。一方、工事現場に掲げる標識については、立入検査時に実際現場で使用していることも考えられるため、ヒアリングにて確認が行われることが多いように思われます。

第9節 無許可業者への下請負

1 無許可業者とは

　必要な建設業許可を受けないで建設業を営む（無許可営業をする）者のことを無許可業者といいます。このような無許可営業にはいくつかのパターンがあります。

(1) 建設業許可をまったく保有せずに建設工事を請け負っている状態

　建設業許可にはいくつかの種類（業種）がありますが、いずれの建設業許可も保有せずに建設工事を請け負っている状態のことをいいます。

　請負金額が500万円未満※の軽微な建設工事のみを請け負う者は、許可を保有していないことがありますが、このように軽微な建設工事のみを請け負うことを営業とする者は、建設業法で建設業許可は不要とされているため問題ありません（建設業法第3条、建設業法施行令第1条の2）。

※建築一式工事の場合は、請負金額が1,500万円未満または延べ面積が150㎡未満の木造住宅を建設する工事が軽微な建設工事となります。

(2) 適切な建設業許可を保有せずに建設工事を請け負っている状態

　一部の種類の建設業許可は保有しているが、必要な種類の許可を保有せずに建設工事を請け負っている状態のことをいいます。

〈例〉

建設業者A：大工工事の一般建設業許可を保有。

発注者Xから、マンション1室の内装リフォーム工事の依頼。請負金額600万円の予定。

⇒内装仕上工事業の許可を持っていない建設業者Aが、この工事の請負契約を締結してしまうと無許可営業となります。

(3) 適切な許可を保有していない営業所で建設工事を請け負っている状態

　建設業を営む営業所が複数設置されている場合で、営業所ごとに持っている建設業許可が異なる場合に起こります。

〈例〉建設業者Bの許可情報

営業所	保有許可情報	
	特定	一般
本社（大阪）	土木一式工事、建築一式工事	とび・土工・コンクリート工事、塗装工事、防水工事、内装仕上工事
名古屋営業所	－	とび・土工・コンクリート工事、塗装工事、防水工事、内装仕上工事
東京営業所	－	とび・土工・コンクリート工事、塗装工事、防水工事、内装仕上工事

発注者Yから、ビルを1棟建ててほしいと依頼。請負金額は1億円の予定。

⇒建設業者Bの営業所のうち、建築一式工事の許可を保有している営業所は本社のみのため、この建設工事の請負契約は本社でしか行うことができません。もし、名古屋営業所や東京営業所でこの請負契約を締結した場合は、許可を保有していない営業所で契約行為をしたこととなり、無許可営業となります。

　立入検査で確認されるのは、無許可業者への下請負です。下請業者と下請契約を締結する場合には、下請業者が適正な建設業許可を保有しているかしっかりと確認する必要があります。

2　建設業許可の確認方法

　建設業許可を確認する方法は、下請業者から建設業許可通知書の写しを提出してもらうことで、現在保有している許可の情報について確認をすることができます。他にも、国土交通省の「建設業者・宅建業者等企業情報検索システム」（https://etsuran2.mlit.go.jp/TAKKEN/）で、下請業者を検索することで、建設業許可の有無や保有している許可の種類を確認することができます。

■建設業者・宅建業者等企業情報検索システムの検索画面

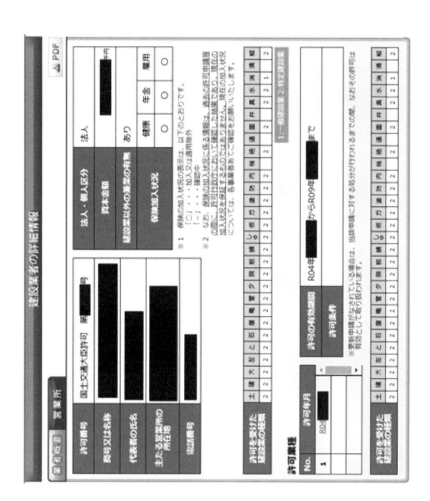

3　無許可業者への下請負に関する検査項目

　無許可業者へ下請負をすると、建設工事を注文した側（元請負人）も処分の対象となります。そのため、下請業者に対しては、適切な建設業許可を保有しているかを確認してください。

　また、建設業許可通知書の写しや国土交通省の検索システムでは、変更履歴を確認することはできません。そのため、提示された情報や検索した情報が最新の情報とは限りません。直近で建設業許可変更の届出を行っているかなど、常に最新の情報を確認するようにしてください。

第5章

検査対象書類と
その記載ルール

本章では、立入検査の対象となる書類とそれらの記載方法について解説します。

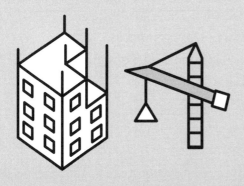

第1節 施工体制台帳の記載方法

　第4章でも述べたとおり、施工体制台帳の様式は決まっていないため、どのような形で作成するかは任意です。ただし、任意様式で作成される際には、チェックポイントの記載事項を確認してください。

2 作成時のチェックポイント

〈元請の記載事項〉…177ページの記載例の番号と照らし合わせてください。

① 作成建設業者の建設業許可の種類と許可年月日
　・「事業所名」には、工事を担当する事業所（現場作業所等）があれば、名称を記載します。
　・作成建設業者が保有している許可をすべて記入します。略称でも可です。

② 請け負った建設工事の名称、内容及びその工期
　・作成建設業者が請け負った建設工事の請負契約書等に記載された工期・契約日を記載します。

③ 健康保険等の加入状況
　・「元請契約」には、発注者と契約を締結した作成建設業者の営

■施工体制台帳の記載例

施工体制台帳（作成例）

[会社名・事業者ID]　国交建設株式会社（1234567890）

[事業所名・現場ID]　国土交通商事ビル作業所（20240401）

① ①建設業の許可

	許　可　業　種	許　可　番　号	許可（更新）年月日
	土・建・電・管・鋼・舗・しゅ　工事業	大臣 特定 知事 一般　第 94668 号	令和　4年　1月22日
②	電気通信　工事業	大臣 特定 知事 一般　第 94668 号	令和　4年　1月22日

② 工事名称及び工事内容

工事名称及び工事内容	国土交通商事ビル新築工事／建築一式（地上6階、地下1階、延べ床面積9,600㎡）
発注者名及び住所	国土交通商事株式会社 〒123-4567 東京都港区○○町1－2－3　④
工　期	自　令和　5年　4月　1日　至　令和　6年　3月31日　④契約日　令和5年　3月20日

⑤ ⑩

契約営業所	区　分	名　　称	住　　　所
	⑤元請契約	本社	東京都千代田区○○3－4－3
	⑩下請契約	名古屋支社	愛知県名古屋市中村区○○1－1－1

③ ③健康保険等の加入状況 ⑥

保険加入の有無	健康保険	厚生年金保険	雇用保険
	加入　未加入　適用除外	加入　未加入　適用除外	加入　未加入　適用除外

事業所整理記号等	区分	営業所の名称	健康保険	厚生年金保険	雇用保険
	元請契約	本社	12アイウ34567	12アイウ34567	01-23-45678
	下請契約	名古屋支社	12アイウ34567	12アイウ34567	01-23-45678

		権限及び意見申出方法	
⑥発注者の監督員名	東京　一郎	権限及び意見申出方法	契約書記載の通り
⑧監督員名	愛知　太郎	権限及び意見申出方法	契約書記載の通り
⑦⑨現場代理人名	国土　次郎	権限及び意見申出方法	契約書記載の通り
⑩監理技術者名/主任技術者名	専任 非専任　国土　次郎	資格内容	一級建築施工管理技士
⑤監理技術者補佐名	国土　三郎	資格内容	一級建築施工管理技士補
⑩専門技術者名	四国　次郎	専門技術者名	
資格内容	実務経験（10年・管）	資格内容	
⑫担当工事内容	冷暖房設備工事、給排水設備工事	担当工事内容	

⑬一号特定技能外国人の従事の状況（有無）	有　無	外国人技能実習生の従事の状況（有無）	有　無

《下請負人に関する事項》

① 会社名・事業者ID	建政産業株式会社 (1122334455)		代 表 者 名	関東　五郎
住　　　所	〒444-1111 愛知県名古屋市中区○○町３４			
④ 工事名称及び工事内容	国土交通商事ビル新築工事／コンクリート工、足場等仮設工事、鉄筋工、型枠工			
工　　　期	自　令和　５年　４月１２日 至　令和　５年１２月１０日	⑤ 契 約 日	令和5年　4月11日	

② 建設業の許可	施工に必要な許可業種		許 可 番 号	許可(更新)年月日
	と　　工事業	大臣　特定 知事　一般	第　12345　号	令和　３年４月２日
	工事業	大臣　特定 知事　一般	第　　　　号	年　　月　　日

③ 健康保険等の加入状況	保険加入の有無	健康保険		厚生年金保険		雇用保険	
		加入　未加入 適用除外		加入　未加入 適用除外		加入　未加入 適用除外	
	事業所整理記号等	営業所の名称	健康保険		厚生年金保険		雇用保険
		本社	11カキク34567		11カキク34567		99-88-77777

⑦ 現場代理人名	関東　五郎	安全衛生責任者名	関東　五郎
権限及び意見申出方法	契約書記載のとおり	安全衛生推進者名	関東　五郎
⑧ 主任技術者名	専任 非専任　　関東　六郎	雇用管理責任者名	山本　次郎
資格内容	一級建築施工管理技士	⑨ 専門技術者名	
		資格内容	
		担当工事内容	

⑫ 一号特定技能外国人の従事の状況(有無)	有　　無	外国人技能実習生の従事の状況(有無)	有　　無

※施工体制台帳の添付書類(建設業法施行規則第14条の2第2項)

・発注者と作成建設業者の請負契約及び作成建設業者と下請負人の下請契約に係る当初契約及び変更契約の契約書面の写し(公共工事以外の建設工事について締結されるものに係るものは、請負代金の額に係る部分を除く)
・主任技術者又は監理技術者が主任技術者資格又は監理技術者資格を有する事を証する書面及び当該主任技術者又は監理技術者が作成建設業者に雇用期間を特に限定することなく雇用されている者であることを証する書面又はこれらの写し
・専門技術者をおく場合は、その者が主任技術者資格を有することを証する書面及びその者が作成建設業者に雇用期間を特に限定することなく雇用されている者であることを証する書面又はこれらの写し

出典：国土交通省「施工体制台帳（作成例）」(https://www.mlit.go.jp/totikensangyo/const/content/001389106.xls) をもとに加工して作成

業所を記載します。

・「下請契約」には、一次下請と契約を締結した作成建設業者の営業所を記載します。

④ 発注者と請負契約を締結した年月日、発注者の商号、名称または氏名及び住所

⑤ 請負契約を締結した営業所の名称及び所在地

・「元請契約」には、発注者と契約を締結した作成建設業者の営業所を記載します。

・「下請契約」には、一次下請と契約を締結した作成建設業者の営業所を記載します。

⑥ 発注者が監督員を置くときは、当該監督員の氏名及び権限、当該監督員の行為についての作成建設業者の発注者に対する意見の申出方法

⑦ 主任技術者または監理技術者の氏名、保有する主任技術者資格または監理技術者資格及びその者が専任か否かの別

・保有するすべての資格ではなく、請け負った工事に必要な資格等のみを記載します。

⑧ 作成建設業者が現場代理人を置くときは、当該現場代理人の氏名及び権限、当該現場代理人の行為についての発注者の作成建設業者に対する意見の申出方法

⑨ 監理技術者補佐を置くときは、その者の氏名及び保有する監理技術者補佐資格

⑩ 専門技術者を置くときは、当該専門技術者の氏名、工事内容及び保有する主任技術者資格

⑪ 建設工事に従事する者に関する次に掲げる事項

（1）氏名、生年月日及び年齢

（2）職種

（3）健康保険法または国民保健法による医療保険、国民年金法または厚生年金保険法による年金及び雇用保険法による雇用保険

の加入等の状況
　(4)　中小企業退職金共済法第 2 条第 7 項に規定する被共済者に該
　　　当する者であるか否かの別
　(5)　安全衛生に関する教育を受けているときは、その内容
　(6)　建設工事に係る知識及び技術または技能に関する資格
　　　・別で 183 ページのような「作業員名簿」を作成する方法でも
　　　　問題ありません。
⑫　一号特定技能外国人及び外国人技能実習生の従事の状況
　・「一号特定技能外国人」とは、出入国管理及び難民認定法（昭
　　和 26 年政令第 329 号）別表第 1 の 2 の表の特定技能の在留資
　　格（同表の特定技能の項の下欄第 1 号に係るものに限る。）を
　　決定された者をいいます。
　・「外国人技能実習生」とは、出入国管理及び難民認定法別表第
　　1 の 2 の表の技能実習の在留資格を決定された者をいいます。

〈一次下請の記載事項〉…178 ページの記載例の番号と照らし合わ
　せてください。
①　一次下請の商号または名称及び住所
②　許可番号及び請け負った建設工事に係る許可を受けた建設
　業の種類
　・一次下請が保有している許可のうち、請け負った建設工事の施
　　工に必要な種類の許可のみを記入します。
③　健康保険等の加入状況
④　一次下請が請け負った工事の名称、内容及びその工期
　・「工事名称及び工事内容」には一時下請が請け負った建設工事
　　の請負契約書等に記載された工事名及びその工事の具体的内容
　　を記載します。
　・「工期」には、一次下請が請け負った建設工事の請負契約書等
　　に記載された工期を記載します。

⑤　元請と契約を締結した年月日
　　・一次下請が請け負った建設工事の請負契約書等に記載された契
　　　約日を記入します。

⑥　作成建設業者が監督員を置くときは、当該監督員の氏名及
　　び権限、当該監督員の行為についての下請負人の作成建設業
　　者に対する意見の申出方法

⑦　一次下請が現場代理人を置くときは、当該現場代理人の氏
　　名及び権限、当該現場代理人の行為について作成建設業者の
　　下請負人に対する意見の申出方法

⑧　一次下請が置く主任技術者の氏名、保有する主任技術者資
　　格及びその者が専任か否かの別
　　・保有するすべての資格ではなく、請け負った工事に必要な資格
　　　等のみを記載します。

⑨　一次下請が専門技術者を置く場合は、氏名、工事の内容及
　　び保有する主任技術者資格

⑩　一次下請負契約を締結した建設業者の営業所の名称及び所
　　在地

⑪　建設工事に従事する者に関する次に掲げる事項
　　(1) 氏名、生年月日及び年齢
　　(2) 職種
　　(3) 健康保険法または国民保健法による医療保険、国民年金法ま
　　　　たは厚生年金保険法による年金及び雇用保険法による雇用保険
　　　　の加入等の状況
　　(4) 中小企業退職金共済法第2条第7項に規定する被共済者に該
　　　　当する者であるか否かの別
　　(5) 安全衛生に関する教育を受けているときは、その内容
　　(6) 建設工事に係る知識及び技術または技能に関する資格
　　　　・別で183ページのような「作業員名簿」を作成する方法でも
　　　　　問題ありません。

⑫　一号特定技能外国人及び外国人技能実習生の従事の状況
　・「一号特定技能外国人」とは、出入国管理及び難民認定法（昭
　　和26年政令第319号）別表第1の2の表の特定技能の在留資
　　格（同表の特定技能の項の下欄第一号に係るものに限る。）を
　　決定された者をいいます。
　・「外国人技能実習生」とは、出入国管理及び難民認定法別表第
　　1の2の表の技能実習の在留資格を決定された者をいいます。

■作業員名簿の記載例

※国土交通省「作業員名簿（作成例）」（http://www.milt.go.jp/common/001389323.xls）をもとに作成

3 国土交通省の「施工体制台帳等のチェックリスト」

　国土交通省では、施工体制台帳の作成に関してチェックリストを公開しています。作成時にはこのチェックリストを活用することをおすすめします。

■施工体制台帳等のチェックリスト

施工体制台帳等のチェックリスト

1. 施工体制台帳の写しのチェックポイント

チェックポイント	結果	備考
(1) 施工体制台帳に必要事項が書き込まれているか（建設業法施行規則第14条の2）。		

施工体制台帳等のチェックリスト（事前確認）

項目	結果	備考
・作成建設業者が許可を受けた建設業の種類		
・建設工事の名称、内容及び工期		
・健康保険法第四十八条の規定による被保険者の資格の取得の届出、厚生年金保険法第二十七条の規定による被保険者の資格の取得の届出及び雇用保険法第七条の規定による被保険者となったことの届出の状況		
・発注者と請負契約を締結した年月日、当該発注者の商号、名称又は氏名及び住所並びに当該請負契約を締結した営業所の名称及び所在地		
・発注者が監督員を置くときは、当該監督員の氏名及び権限、当該監督員の行為についての作成建設業者の発注者に対する意見の申出方法（作成建設業者と注文者との間の請負契約においては、その内容が記載された作成建設業者への通知書の写し）		
・主任技術者又は監理技術者の氏名、その者が有する主任技術者資格又は監理技術者資格及びその者が専任の主任技術者又は監理技術者であるか否かの別		配置予定技術者と同一人物であるか確認。
・作成建設業者が現場代理人を置くときは、当該現場代理人の氏名及び権限、当該現場代理人の行為についての発注者の作成建設業者に対する意見の申出方法（または注文者への通知書の写し）		
・法第二十六条第三項ただし書に規定により監理技術者の行うべき法第二十六条の四第一項に規定する職務を補佐する者を置くときは、その者の氏名及びその者が有する監理技術者補佐資格		
・監理技術者、監理技術者補佐以外に施工の技術上の管理をつかさどる者を置くときは、その者の氏名、管理をつかさどる工事内容及びその者が有する主任技術者資格		
・建設工事に従事する者に関する次に掲げる事項（建設工事に従事する者が希望しない場合においては、(6) に掲げるものを除く。） (1) 氏名、生年月日及び年齢 (2) 職種 (3) 健康保険法又は国民健康保険法による医療保険、国民年金法又は厚生年金保険法による年金及び雇用保険法による雇用保険の加入等の状況 (4) 中小企業退職金共済法第二条七項に規定する被共済者に該当する者であるか否かの別 (5) 安全衛生に関する教育を受けているときは、その内容 (6) 建設工事に係る知識及び技能又は技能に関する資格		
・一号特定技能外国人、外国人技能実習生及び外国人建設就労者の従事の状況		
・下請負人の商号又は名称及び住所、許可番号及び請け負った建設工事に係る建設業の種類、健康保険等の加入状況		
・全ての下請負人の請け負った工事の名称、内容及び工期		

185

- 全ての下請負人が注文者と下請契約を締結した年月日
- 作成建設業者が監督員を置くときは、当該監督員の氏名及び権限、当該監督員の行為についての下請負人の作成建設業者に対する意見の申出方法（またはその内容を記載した下請負人に対する通知書の写し）
- 下請負人が現場代理人を置くときは、当該現場代理人の氏名及び権限、当該現場代理人の行為についての作成建設業者の下請負人に対する意見の申出方法（またはその内容を記載した作成建設業者への通知書の写し）
- 下請負人が置く主任技術者の氏名、その者の有する主任技術者資格及びその者が専任か否かの別
- 下請負人が、主任技術者以外に施工の技術上の管理をつかさどる者を置く場合は、その者の氏名、当該者がつかさどる工事の内容及びその者が有する主任技術者資格
- 1次下請負契約を締結した作成建設業者の名称及び所在地
- 建設工事に従事する者に関する次に掲げる事項（建設工事に従事する者が希望しない場合においては、（6）に掲げるものを除く。）
  - （1）氏名、生年月日及び年齢
  - （2）職種
  - （3）健康保険法又は国民健康保険法による医療保険、国民年金法又は厚生年金保険法による年金及び雇用保険法による雇用保険の加入等の状況
  - （4）中小企業退職金共済法第二条第七項に規定する被共済者に該当するか否かの別
  - （5）安全衛生に関する教育を受けているときは、その内容
  - （6）建設工事に係る知識及び技能又は技術に関する資格
- 下請負人における一号特定技能外国人、外国人技能実習生及び外国人建設就労者の従事の状況

チェックポイント

（2）施工体制台帳の添付書類は揃っているか（建設業法施行規則第14条の2第2項）

項目	結果	備考
①次以下の下請人を含め、全ての請負契約書の写し（公共工事については2次下請以下も含めた全ての下請業者について請負金額を明記しなければならない） ・下請契約書に法第19条にある全ての事項が含まれているか		
①工事内容、②請負代金の額、③工事着手及び工事完成の時期		
④工事を施工しない日又は時間帯の定めをするときは、その内容		
⑤請負代金の全部又は一部の前金払又は出来形部分に対する支払の定めをするときは、その支払の時期及び方法		下請代金のうち労務費相当部分は、現金で支払うよう適切な配慮をしなければならない。
⑥当事者の一方から設計変更又は工事着手の延期若しくは工事の全部若しくは一部の中止の申出があった場合における工期の変更、請負金の額の変更又は損害の負担及びそれらの額の算定方法に関する定め		
⑦天災その他不可抗力による工期の変更又は損害の負担及びその額の算定方法に関する定め		
⑧価格等の変動若しくは変更に基づく請負代金の額又は工事内容の変更		
⑨工事の施工により第三者が損害を受けた場合における賠償金の負担に関する定め		
⑩注文者が工事に使用する資材を提供し、又は建設機械その他の機械を貸与するときは、その内容及び方法に関する定め		
⑪注文者が工事の全部又は一部の完成を確認するための検査の時期及び方法並びに引渡しの時期		完成通知を受けてから、検査完了まで20日以内。引渡しの申し出があった場合はただちに引渡しを受ける。
⑫工事完成後における請負代金の支払の時期及び方法		元請負を受けてから下請負人に支払うべき1月以内。特定建設業者は、引渡しの申し出があってから、代金の支払まで50日以内。
⑬工事の目的物が種類又は品質に関して契約の内容に適合しない場合におけるその不適合を担保すべき責任又は当該責任の履行に関して講ずべき保証保険契約の締結その他の措置に関する定め、その内容		
⑭各当事者の履行の遅滞その他債務の不履行の場合における遅延利息、違約金その他の損害金		
⑮契約に関する紛争の解決方法		
②全ての下請通知書 ・再請通知書の必要事項が書き込まれているか		（施行規則第14条の4）
①下請負人の商号、名称、住所、許可番号		
②下請負人が注文を締結した工事の名称、工期、注文者の商号、名称		

187

項目	備考
③再下請負人の商号、名称、住所、許可番号及び請け負った建設工事に係る許可を受けた建設業の種類、健康保険等の加入状況	請負契約書の写しの添付。
④下請負人が再下請負人と締結した請負契約について ・工事の名称、内容、工期 ・請負契約を締結した年月日 ・下請負人が監督員を置く場合は、その者の氏名、権限、当該監督員の行為についての再下請負人の下請負人に対する意見の申出方法（またはその内容が記載された再下請負人への通知書の写し） ・再下請負人が現場代理人を置く場合は、その者の氏名、権限、当該現場代理人の行為についての下請負人の再下請負人に対する意見の申出方法（またはその内容が記載された下請負人への通知書の写し） ・再下請負人の置く主任技術者の氏名、その者が有する主任技術者資格及びその者が専任であるか否かの別 ・再下請負人が主任技術者に加えて専門技術者を置く場合は、その者の氏名、その者が管理をつかさどる建設工事の内容、その者が有する主任技術者資格 ・再下請負人における一号特定技能外国人、外国人技能実習生及び外国人建設就労者の従事の状況	
③主任技術者、監理技術者又は監理技術者補佐の氏名、その者が有する主任技術者資格、監理技術者資格又は監理技術者補佐資格を有することの証明書の写し（専任の監理技術者を置く場合は、監理技術者資格者証及び住民税特別徴収額通知書の写し）	
④主任技術者、監理技術者又は監理技術者補佐が直接的かつ恒常的な雇用関係にあることを証明するものの写し（健康保険被保険者証又は住民税特別徴収額通知書の写し）	（別紙11）「技術者の直接的かつ恒常的な雇用関係について の確認方法」を参照。
⑤主任技術者、監理技術者補佐以外に施工の技術上の管理をつかさどる者を置くときは、その者が有する主任技術者資格を有することを証する書面及び直接的かつ恒常的な雇用関係にあることを証するものの写し。	

チェックポイント

チェックポイント	結果	備考
(3) 元請の施工範囲等を確認（直営施工部分があるか、主たる部分を下請け負わせていないか等。）		契約書等から直営施工範囲を確認。直営部分の内容と比べ、受注金額から一次下請金額の合計を引いた金額が妥当であるか確認。
(4) 上請け、横請けの可能性の確認		下請に地元以外の建設業者（元請が地元の場合）又は、元請よりも資本金の多い下請負人がいないか、同規模程度の業者が下請でないか確認。
(5) JV工事の場合、共同企業体の運営関係書類の作成状況の確認		代表者、出資比率、責任範囲等の確認。
(6) 下請の中に無許可業者がいる場合には500万円以上（建築一式工事にあっては1,500万円以上）の下請をさせていないかどうか確認。		契約書より当該施工範囲を確認。着工前かどう判断し、無許可業者か否か不明な場合は許可部局に照会する。

出典：国土交通省「施工体制台帳等のチェックリスト」（https://www.mlit.go.jp/totikensangyo/const/content/001389105.doc）から抜粋

188

第2節 施工体系図の記載方法

1 施工体系図の記載例

　施工体系図を作成する目的は、工事に携わる関係者全員が工事における施工分担関係を把握することです。施工体系図を一目見ただけで分担関係が明らかになるよう、チェックポイントの記載事項を確認してください（建設業法施行規則第14条の6）。

■施工体系図の記載例

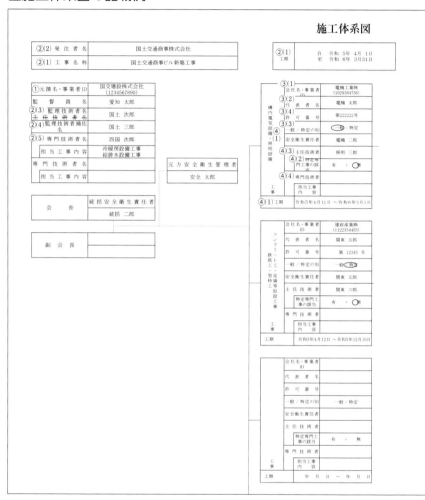

出典：国土交通省「施工体系図（作成例）」（https://www.mlit.go.jp/totikensangyo/const/content/001389107.xls）をもとに加工して作成

（作成例）

照明設備	会社名・事業者ID	安部電工㈱ (9988776655)
	代表者名	安部　二郎
	許可番号	第555555号
	一般／特定の別	ⓐ般／特定
	安全衛生責任者	安部　太郎
	主任技術者	安部　太郎
	特定専門工事の該当	有・⊘無
	専門技術者	
工事	担当工事内容	
工期	令和5年8月10日～令和6年2月1日	

	会社名・事業者ID	
	代表者名	
	許可番号	
	一般／特定の別	一般／特定
	安全衛生責任者	
	主任技術者	
	特定専門工事の該当	有・無
	専門技術者	
工事	担当工事内容	
工期	年月日～年月日	

	会社名・事業者ID	
	代表者名	
	許可番号	
	一般／特定の別	一般／特定
	安全衛生責任者	
	主任技術者	
	特定専門工事の該当	有・無
	専門技術者	
工事	担当工事内容	
工期	年月日～年月日	

鉄筋	会社名・事業者ID	中部鉄筋工業㈱ (9876543210)
	代表者名	中部　太郎
	許可番号	第666666号
	一般／特定の別	ⓐ般／特定
	安全衛生責任者	中部　七郎
	主任技術者	中部　七郎
	特定専門工事の該当	有・⊘無
	専門技術者	
工事	担当工事内容	
工期	令和5年4月23日～令和5年11月15日	

鉄筋配置時の重量物の揚重運搬工事	会社名・事業者ID	㈱近畿土木 (1234509876)
	代表者名	近畿　太郎
	許可番号	第888888号
	一般／特定の別	ⓐ般／特定
	安全衛生責任者	近畿　太郎
	主任技術者	近畿　太郎
	特定専門工事の該当	有・⊘無
	専門技術者	
工事	担当工事内容	
工期	令和5年5月2日～令和5年8月1日	

	会社名・事業者ID	
	代表者名	
	許可番号	
	一般／特定の別	一般／特定
	安全衛生責任者	
	主任技術者	
	特定専門工事の該当	有・無
	専門技術者	
工事	担当工事内容	
工期	年月日～年月日	

型枠	会社名・事業者ID	㈱北海工務店 (550066997788)
	代表者名	北海　道夫
	許可番号	第777777号
	一般／特定の別	ⓐ般／特定
	安全衛生責任者	北海　道夫
	主任技術者	北海　道夫
	特定専門工事の該当	有・⊘無
	専門技術者	
工事	担当工事内容	
工期	令和5年4月23日～令和5年10月10日	

	会社名・事業者ID	
	代表者名	
	許可番号	
	一般／特定の別	一般／特定
	安全衛生責任者	
	主任技術者	
	特定専門工事の該当	有・無
	専門技術者	
工事	担当工事内容	
工期	年月日～年月日	

	会社名・事業者ID	
	代表者名	
	許可番号	
	一般／特定の別	一般／特定
	安全衛生責任者	
	主任技術者	
	特定専門工事の該当	有・無
	専門技術者	
工事	担当工事内容	
工期	年月日～年月日	

191

2 作成時のチェックポイント

190〜191 ページの記載例にある番号と照らし合わせてください。

① 作成建設業者の商号または名称

② 作成建設業者が請け負った建設工事に関する次に掲げる事項

 (1) 建設工事の名称及び工期

  ・作成建設業者が請け負った建設工事の請負契約書等に記載された工期を記載します。

 (2) 発注者の商号、名称または氏名

 (3) 作成建設業者が置く主任技術者または監理技術者の氏名

 (4) 監理技術者補佐を置くときは、その者の氏名

 (5) 専門技術者を置くときは、当該専門技術者の氏名及び建設工事の内容

  ・作成建設業者が専門技術者を置いた場合、専門技術者が担当する工事内容を具体的に記載します。

③ 建設工事の各下請負人に関する次に掲げる事項

 (1) 商号または名称

 (2) 代表者の氏名

 (3) 一般建設業または特定建設業の別

 (4) 許可番号

④ 下請負人が請け負った建設工事に関する次に掲げる事項

 (1) 建設工事の内容及び工期

  ・「建設工事の内容」には、下請負人が請け負った建設工事の具体的な内容を記載します。

  ・「工期」には、下請負人が請け負った建設工事の請負契約書等に記載された工期を記載します。

 (2) 特定専門工事の該当の有無

(3) 下請負人が置く主任技術者の氏名
(4) 専門技術者を置くときは、当該専門技術者の氏名及び建設工
　　事の内容

　施工体系図と似ているもので、安全衛生管理体制図などの名称で
安全衛生管理体制をまとめた書類（安全衛生管理体制図や安全衛生
管理組織図等、名称の統一はされていません）を作成することがあ
ります。この書類は労働安全衛生法に基づき作成されるもので、建
設業法で作成が求められている施工体系図とは全く異なるもので
す。そのため、この書類を作成しただけでは施工体系図に求められ
ている記載を網羅することはできず、施工体系図の代わりにはなり
ませんのでご注意ください。ただし、「安全衛生管理体制図兼施工
体系図」のように、労働安全衛生法・建設業法のどちらの記載事項
も網羅しているような書面であれば、別々に作成することなく、1
つ作成すれば問題ありません。

第3節 現場の技術者に関する事項の確認方法

1 監理技術者等の資格要件の確認

第4章で解説したとおり、監理技術者・主任技術者（以下「監理技術者等」という）は、一定の資格要件を満たした者でなければなりません。

■監理技術者等の資格要件（建設業法第26条）

	主任技術者	監理技術者
	次のイロハのいずれかに該当すること	次のイロハのいずれかに該当すること
イ	①所定学科卒業＋実務経験 高校所定学科卒業の場合は5年以上 大学所定学科卒業の場合は3年以上 ②技術検定第一次検定合格＋実務経験※ 2級第一次検定合格の場合は5年以上 1級第一次検定合格の場合は3年以上 ※指定建設業（土、建、電、管、鋼、舗、園）及び通は除く	一定の国家資格等（1級） 1級建築施工管理技士 1級土木施工管理技士 1級電気工事施工管理技士 1級管工事施工管理技士　等
ロ	10年以上の実務経験	一般建設業要件＋指導監督的実務経験※ 左記一般建設業のイ、ロ、ハのいずれかに該当し、元請として4,500万円以上の工事について2年以上の指導監督的な実務経験を有する ※指定建設業は除く
ハ	一定の国家資格等（1級、2級） 1級、2級建築施工管理技士 1級、2級土木施工管理技士 1級、2級電気工事施工管理技士 1級、2級管工事施工管理技士　等	大臣認定

※資格要件の確認方法は、上表の「監理技術者等の資格要件」のイロハによって異なります。

（1）主任技術者の資格要件の確認方法

イ①　所定学科卒業＋実務経験の場合

　所定学科の卒業については、卒業証書の写しや卒業証明書で確認をすることができます。

　実務経験の確認は、実務経験証明書等で行います。請負契約書等や工事台帳、帳簿などから技術者本人の経験を拾って実務経験証明書を作成しておくとよいでしょう。技術者が実際に経験をしていない実績などを計上しないよう、虚偽の実務経験とならないよう、企業側でのチェックは怠らないようにしましょう。

■卒業証明書の例

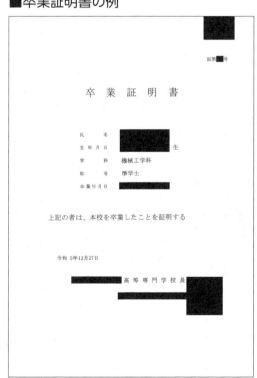

■実務経験証明書の例

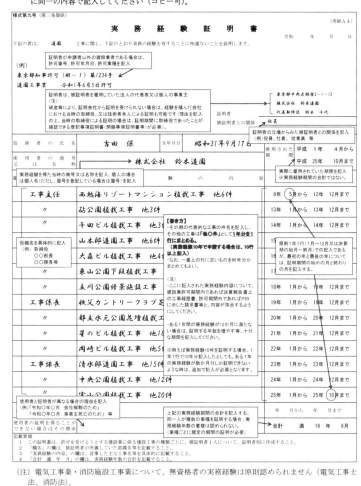

出典：東京都「建設業許可申請変更の手引き」（https://www.toshiseibi.metro.
tokyo.lg.jp/kenchiku/kensetsu/pdf/2023/R05_kensetu_tebiki_all.pdf）

イ②　技術検定第一次検定合格＋実務経験の場合

　技術検定第一次検定合格は、合格証明書で確認をすることができます。

　実務経験は、イ①所定学科卒業＋実務経験の場合と同様、実務経験証明書等で確認を行います。

■1級技術検定（第一次検定）の合格証明書の例

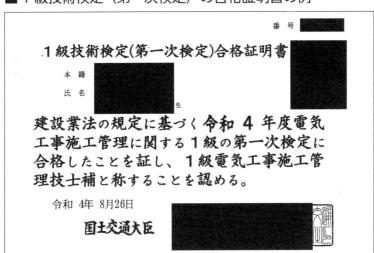

　　　　　　　　　　　　　　　　　　　　　　　　番　号

　　　1級技術検定(第一次検定)合格証明書

　本　籍
　氏　名　　　　　　　　　　　　　生

建設業法の規定に基づく**令和4年度電気
工事施工管理に関する1級の第一次検定に
合格**したことを証し、**1級電気工事施工管
理技士補**と称することを認める。

　　令和4年 8月26日

　　国土交通大臣

□　10年以上の実務経験の場合

　イ①所定学科卒業＋実務経験の場合と同様、実務経験証明書等で行います。

ハ　一定の国家資格者等（1級、2級）の場合

　技術検定であれば合格証明書で確認をすることができます。その他の資格の場合も資格証や合格証等で確認をすることができます。

■2級技術検定の合格証明書の例

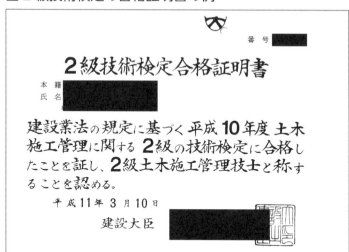

2級技術検定合格証明書

本籍

氏名

建設業法の規定に基づく平成**10**年度 土木施工管理に関する**2**級の技術検定に合格したことを証し、**2**級土木施工管理技士と称することを認める。

平成**11**年 3 月 10 日

建設大臣

(2) 監理技術者の資格要件の確認方法

イ 一定の国家資格者等（1級）の場合

　技術検定であれば合格証明書で確認をすることができます。その他の資格の場合も資格証や合格証等で確認をすることができます。

■1級技術検定（第二次検定）の合格証明書の例

番号

1級技術検定（第二次検定）合格証明書

本籍
氏名

生

建設業法の規定に基づく**令和 3年度**の建設機械施工管理に関する1級の技術検定（第二次検定）に合格したことを証し、**1級建設機械施工管理技士** と称することを認める。

令和3年11月18日

国土交通大臣

検定合格種別　　トラクター系建設機械操作施工法（第一種）　　締め固め建設機械操作施工法（第四種）

■技術士登録証の例

□　一般建設業要件＋指導監督的実務経験の場合

　一般建設業要件を満たしているかどうかの確認方法は、(1)主任技術者のイロハで説明したとおりです。

　指導監督的実務経験は、指導監督的実務経験証明書等で行います。自社の経験であれば、請負契約書等や工事台帳、帳簿などから技術者本人の経験を拾って、指導監督的実務経験証明書を作成しておくとよいでしょう。技術者が実際に経験をしていない実績などを計上しないよう、虚偽の実務経験とならないよう、企業側でのチェックは怠らないようにしましょう。

■指導監督的実務経験証明書の例

様式第十号（第十三条関係）					（用紙A4）

指 導 監 督 的 実 務 経 験 証 明 書

下記の者は、　　電気通信　　工事に関し、下記の元請工事について指導監督的な実務の経験を有することに相違ないことを証明します。

　　　　　　　　　　　　　　　　　　　　令和　　年　　月　　日

この様式は特定建設業（指定建設業を除く。）の専任技術者で、実務経験又は2級の国家資格等（P68〜70資格表の〇印の者）の場合に必要（法第15条第二号該当者、P8参照）
建設工事の設計又は施工の全般について、工事現場主任者又は工事現場監督者のような立場で、工事の技術面を総合的に指導監督した経験のものを記入

証　明　者　東京都新宿区西新宿3-8-1
　　　　　　新宿電気工事株式会社
　　　　　　代表取締役　鈴木　信司
被証明者との関係　社員

実務経験証明書の記入例（P48）と同様

記

技術者の氏名		鈴木　太郎	生年月日	昭和41年9月30日		使用された	平成14年　　3月から
使用者の商号又は名称		新宿電気工事株式会社				期　間	平成25年　　4月まで

発注者名	請負代金の額	職名	実務経験の内容	実務経験年数	
東京電信電話（株）	164,825千円	工事課長	新宿加入者線路設備工事	19年　2月から	20年　3月まで
〃	59,356千円		葛飾加入者線路設備工事	20年　5月から	20年　12月まで
〃	54,600千円		台東加入者線路設備工事	21年　2月から	21年　6月まで
〃	94,887千円		練馬通信設備工事	21年　9月から	22年　2月まで
〃	103,855千円		立川通信設備工事	23年　1月から	23年　3月まで
元請人として直接請け負った契約の相手方の名称を具体的に記入	1件の請負代金の額が4,500万円（H6.12.28以前は3,000万円、S59.10.1以前は1,500万円）以上の元請工事を記入（消費税込）	完成工事のみ記入	・工事期間の重複は不可。・各経験年数の始まりの月は計算しない。（例）H19.2〜H20.3は1年1か月となる。・各工事の期間の合計は2年以上必要。	年　月から	年　月まで
				合計　満　2　年　5　月	

記載要領
1　この証明書は、許可を受けようとする建設業に係る建設工事の種類ごとに、被証明者1人について、証明者別に作成し、請負代金の額が4,500万円以上の建設工事（平成6年12月28日前の建設工事にあつては3,000万円以上のもの、昭和59年10月1日前の建設工事にあつては1,500万円以上のもの）1件ごとに記載すること。
2　「職名」の欄は、被証明者が従事した工事現場において就いていた地位を記載すること。
3　「実務経験の内容」の欄は、従事した元請工事名を具体的に記載すること。
4　「合計　満　年　月」の欄は、実務経験年数の合計を記載すること。

出典：東京都「建設業許可申請変更の手引き」(https://www.toshiseibi.metro.tokyo.lg.jp/kenchiku/kensetsu/pdf/2023/R05_kensetu_tebiki_all.pdf)

ハ　大臣認定の場合

　大臣認定の場合は、認定書で確認をすることができます。

■認定書の例

番号

認　定　書

本　　籍
氏　　名
生年月日

　上記の者を、土木工事業に関し建設業法
第15条第2号イに掲げる者と同等以上の
能力を有するものとして認定する。

　ただし、認定は 平成 27年　3月 25日
まで有効とする。

平成 22年　3月 10日

国土交通大臣

　また、ここまで見た資格要件に関して、監理技術者の資格者であれば、監理技術者資格者証でも確認をすることができます。

■監理技術者資格者証の例

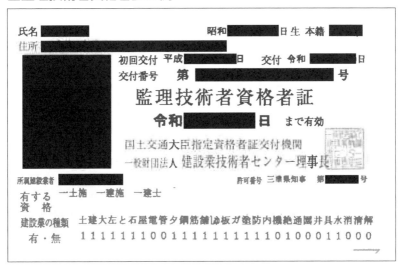

2　雇用関係の確認方法

　第4章で解説したとおり、監理技術者等は、工事を請け負った建設業者との間に直接的かつ恒常的な雇用関係が必要です。「直接的な雇用関係」とは、監理技術者等とその建設業者との間に第三者の介入する余地のない雇用であって、賃金、労働時間、雇用等の一定の権利義務関係が存在する雇用関係をいいます。「恒常的な雇用関係」とは、一定の期間にわたりその建設業者に勤務し、日々一定時間以上職務に従事することが担保されている雇用関係をいいます。公共工事においては、元請の専任の監理技術者等については、その建設業者から入札の申込のあった日以前に3ヶ月以上の雇用関係に

ある者が恒常的な雇用関係にあるとされています。

　「直接的な雇用関係」については、監理技術者資格者証や健康保険被保険者証または市区町村が作成する住民税特別徴収税額通知書等により確認することができます。「恒常的な雇用関係」については、監理技術者資格者証の交付年月日もしくは変更履歴または健康保険被保険者証の交付年月日等により確認することができます。

　なお、雇用期間が限定されている継続雇用制度（再雇用制度、勤務延長制度）の適用を受けている者については、その雇用期間にかかわらず、常時雇用されている（＝恒常的な雇用関係にある）ものとみなされます。継続雇用制度の適用については、就業規則や雇用契約書により確認をすることができます。

■住民税特別徴収税額決定通知書の例

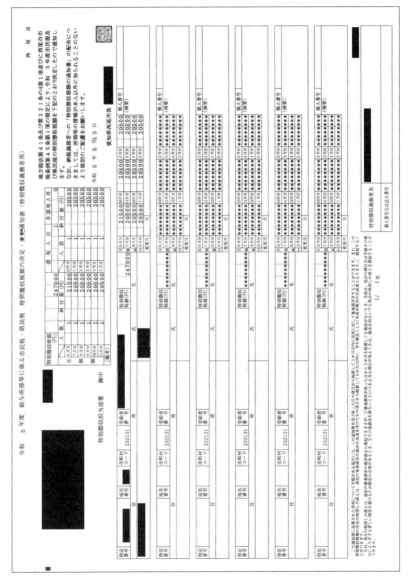

第4節　見積依頼書の確認方法

1　見積依頼書の記載例

見　積　依　頼　書【参考書式】

令和5年9月1日

株式会社○○電気　御中

住所・氏名
名古屋市中村区○○○○○○
○○建設株式会社

TEL		FAX	
担当部署	工事調達部	担当者	×× ××

下記のとおり依頼しますので、見積書のご提出をお願いします。なお、この見積依頼書に記載のない条件については、別添の下請契約約款の定めによります。
また、見積書には法定福利費を内訳明示又は適正な法定福利費を含んだ見積書を提出してください。

工事名	駅前ビル開発計画　複合施設の電気工事	工事番号	○○○○
施工場所	名古屋市中村区名駅○○○○○○	工　期	令和5年12月15日～令和6年5月31日

工事概要	※工事全体の工程等を記載
設計図書	別添のとおり
施工範囲 施工条件	別添のとおり
支給品	無し
費用負担	※材料費、労働災害防止対策、産業廃棄物処理等に係る費用の負担区分を記載

支払条件	出来高払	％	月末締切・翌月末払	支払時相殺	・月額の全工事支払い額が○万円以上の場合、災害防止協会会費として支払い額の○○
	現金	％ 手形 ％（サイト 日）			・支払代金の銀行振込手数料
	履行遅滞の遅延利息（注） ％	過払の返還利息 年 ％			・下請工事の施工に伴い、副次的に発生する建築廃棄物の処分費
					・上記以外の諸費用（駐車場代・年号ごみ等処分分費用等）

（注）特定建設業者が注文者であり、特定建設業者以外の者又は資本金額4,000万円未満の特定建設業者が請負人である場合における遅延利息は年14.6%とする。（建設業法第24条の6第4項）

労災保険	受注者加入	注文者加入	※加入者が一次下請以下の場合は、元請業者の加入による

他工種との関係部位

特殊部分に関する事項

その他見積条件
工事の施行をしない日又は時間帯の定めをするときは、その内容　等

見　積　提　出　期　限		
1	予定価格が500万円に満たない工事については	依頼日より ○日以内
2	予定価格が500万円以上5,000万円に満たない工事については	依頼日より ○日以内
3	予定価格が5,000万円以上の工事については	依頼日より ○日以内

◎見積期間は予定価格により次の期間以上とする。
1.　予定価格　500万円未満　　　　中1日以上
2.　予定価格　500万円以上～5000万円未満　中10日以上
3.　予定価格　5000万円以上　　　　中15日以上

出典：国土交通省中国地方整備局「見積依頼書」（https://www.cgr.mlit.go.jp/chiki/kensei/shidou/data/mitumoriirai.xls）を加工して作成

　第4章でも見たとおり、見積依頼の方法は口頭でも書面でも問題ありません。書面にて見積依頼をする場合には、この様式を参考にしてください。

2　法定福利費の計上

　第4章でも見たとおり、法定福利費とは、健康保険や厚生年金保険の「社会保険」や雇用保険や労災の「労働保険」のことです。内訳書に法定福利費が含まれているとしても、その金額が労務費に対して適正であるか確認するようにしてください。

■法定福利費の基本的な算出方法

> 法定福利費＝労務費総額×法定保険料率

　一般的には、年間の賃金総額（労務費総額）に各保険の法定保険料率を乗じて計算します。しかし、下請業者の見積書では、労働者の年間賃金を把握することはできません。そのため、見積額に計上した「労務費」を賃金とみなして、それに各保険の法定保険料率を乗じて算出します。

■法定福利費のその他の算出方法

> 法定福利費＝工事費×工事費当たりの平均的な法定福利費の割合
> 法定福利費＝工事数量×数量当たりの平均的な法定福利費

　自社の施工実績に基づくデータ等を用いて工事費に含まれる平均的な法定福利費の割合や工事の数量当たりの平均的な法定福利費をあらかじめ算出した上で、個別工事ごとの法定福利費を算出することも可能です。ただし、この計算方法は、どの工事でも使用できる

ものではなく、性質上、ある程度定型化した工事費の増減または数量の増減が労務費と比例している工事について使用するようにしてください。

■適用する保険料率

保険料率の種類	保険料率の入手先	備考
健康保険料率	・協会けんぽのウェブサイト　等 （個別に健康保険組合に加入している場合は、別途組合に問合せ）	（協会けんぽに加入の場合） 都道府県単位の保険料率
（介護保険料率）		加入率（40～64歳の被保険者割合）を加味する
厚生年金保険料率 （児童手当拠出金）	・日本年金機構のウェブサイト　等 （厚生年金基金に加入している場合は、別途基金に問合せ）	―
雇用保険料率	・厚生労働省のウェブサイト　等	「建設の事業」の料率を用いる

〈引用〉国土交通省「法定福利費を内訳明示した見積書の作成手順」
https://www.mlit.go.jp/common/001090440.pdf

3　見積期間の確認方法

　適切な見積期間が設定されているかを確認する方法は、見積依頼書または担当者へのヒアリングにより行います。記載例のように見積依頼書に見積提出期限が明記されていれば見積依頼書の発行日との照らし合わせをすることで期間の確認をすることができます。

　見積依頼書を発行していない場合や見積依頼書に見積提出期限が記載されていない場合は、担当者に建設業法上の見積期間設定のルールを把握しているかどうかを確認し、普段その期間を守っているかヒアリングをして確認しましょう。

第5節 工事請負契約書の確認方法

1　請負契約の締結日

　建設工事の請負契約の締結は、原則、工事の着工前に行うこととされています。契約書等には日付を記入する欄があることが一般的なため、そこに記入された日付が契約締結日となります。契約締結日と契約書に記載されている工期の始期を照らし合わせ、契約締結日が先であることが必要です。

　例外的に災害時等のやむを得ない場合は、着工後の契約締結が認められていますが、この例外はお客様の都合等の私的な理由では認められないので注意してください。

■工事請負契約書の例

工 事 請 負 契 約 書

1　工　　事　　名　　　商業施設大規模改修工事

2　工　事　場　所　　　愛知県名古屋市中村区○○

3　工　　　　　期　　　令 和 6 年 4 月 1 日 から

　　　　　　　　　　　　令 和 7 年 3 月 31 日 まで

4　請負代金額　　　　　110,000,000円

　　（うち取引に係る消費税及び地方消費税の額）　10,000,000円

┌──────────────┐
│始期と契約日を│
│確認する。　　│
└──────────────┘

～中略～

本契約の証として本書2通を作成し、発注者及び受注者が記名押印の上、各自1通
を保有する。

　　　　　　　　　　　　　　　　令和　6　年　3　月　1日

発 注 者　住　所　　東京都港区○○○

　　　　　　　　　　株式会社△△

　　　　　氏　名　　代表取締役　　××　××　　　　　　　　印

受 注 者　住　所　　愛知県名古屋市中区○○○

　　　　　　　　　　△△建設株式会社

　　　　　氏　名　　代表取締役　　××　××　　　　　印

2　契約書に記載すべき事項

　第4章でも確認したとおり、建設業法では契約書に記載すべき事項が定められているため、実際の契約書にそれらすべてを網羅しているか確認をします。記載内容を確認するためにも、契約書は表紙等の一部だけを保管するのではなく、契約書が複数枚になる場合であればすべてのページを保管しておく必要があります。

■契約書に記載すべき15項目（建設業法第19条）

① 　工事内容

② 　請負代金の額

③ 　工事着手の時期及び工事完成の時期

④ 　工事を施工しない日又は時間帯の定めをするときは、その内容

⑤ 　請負代金の全部又は一部の前払金又は出来形部分に対する支払の定めをするときは、その支払の時期及び方法

⑥ 　当事者の一方から設計変更又は工事着手の延期若しくは工事の全部若しくは一部の中止の申出があった場合における工期の変更、請負代金の額の変更又は損害の負担及びそれらの額の算定方法に関する定め

⑦ 　天災その他不可抗力による工期の変更又は損害の負担及びその額の算定方法に関する定め

⑧ 　価格等（価格統制令(昭和21年勅令第118号)第2条に規定する価格等をいう。）の変動若しくは変更に基づく請負代金の額又は工事内容の変更

⑨ 　工事の施工により第三者が損害を受けた場合における賠償金の負担に関する定め

⑩　注文者が工事に使用する資材を提供し、又は建設機械その他の機械を貸与するときは、その内容及び方法に関する定め

⑪　注文者が工事の全部又は一部の完成を確認するための検査の時期及び方法並びに引渡しの時期

⑫　工事完成後における請負代金の支払の時期及び方法

⑬　工事の目的物が種類又は品質に関して契約の内容に適合しない場合におけるその不適合を担保すべき責任又は当該責任の履行に関して講ずべき保証保険契約の締結その他の措置に関する定めをするときは、その内容

⑭　各当事者の履行の遅滞その他債務の不履行の場合における遅延利息、違約金その他の損害金

⑮　契約に関する紛争の解決方法

　上記のうち、「定めをするときは」という項目については、必ずしも定めなければならない項目ではありません。定めをしなかった場合等、該当しないときは契約書への記載を省略することができます。

第6節　検査及び引渡しを確認する方法

1　工事完成から引渡しまでの流れ

　下請工事が完成し、完成した工事の引渡しを受けるまでの流れは次のとおりです。

■検査フロー

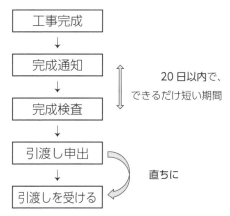

　下請業者から工事が完成すると工事の完成通知を受け取ることになります。完成通知の方法については、建設業法では定められていないため口頭でも書面でも構いません。そのため、完成通知を書面でする場合でも、決まった様式はありません。

　下請業者は任意の方法・様式で完成通知をすることになります

が、建設業法では完成通知を受けてから 20 日以内のできるだけ短い期間内に完成後の検査を行う義務を課しています（建設業法第 24 条の 4 第 1 項）。完成検査を期限内に行ったかどうか確認できるようにするためにも、下請業者からは完成通知を書面で受け取ることをおすすめします。

また、完成検査を行った結果、特に問題がなく工事が合格であれば、下請業者に検査は合格であることを伝えましょう。そうすると、下請業者から完成物の引渡しの申出があります。下請業者は完成物の引渡しまで行わなければ工事が完了したとはいえず、報酬の請求をすることができません。そのため、下請業者から引渡しの申出があったときには、直ちに引渡しに応じるようにしなければなりません（同第 2 項）。

これらの検査・引渡しのルールが守られているかどうかについては、工事完成通知書、工事完成検査依頼書、工事完成検査確認通知書、工事目的物引渡し確認書等の書面で確認をすることができます。書面が作成されていない場合は、ヒアリングにて確認しましょう。

2　完成通知・検査・引渡し確認書の参考様式と記載例

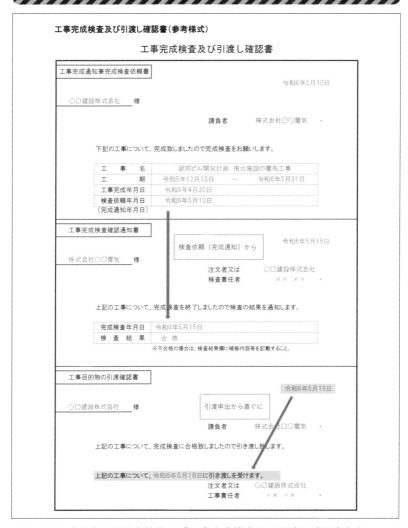

出典：国土交通省中国地方整備局「工事完成検査及び引渡し確認書」（https://
www.cgr.mlit.go.jp/chiki/kensei/shidou/data/kanseikensa.xlsx）を加工
して作成

第7節 帳簿の記載内容とその確認方法

1 帳簿の記載例

　第4章でも述べたとおり、帳簿の様式は規定されていませんので、記載すべき事項が網羅されるように作成すれば問題ありません。ここでは国土交通省関東地方整備局で紹介している様式を用いて記載すべき事項を再確認したいと思います。

■帳簿の記載例

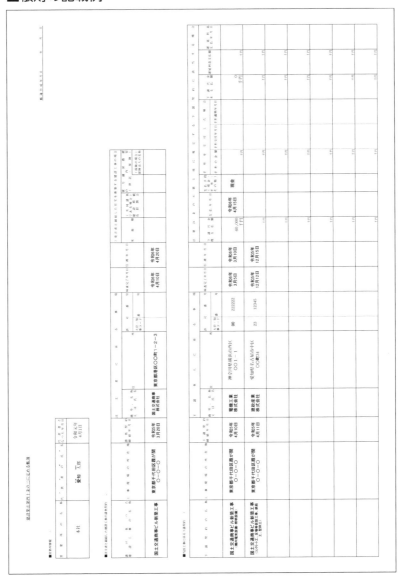

出典：国土交通省関東地方整備局「建設業法第四十条の三に定める帳簿作成例」（https://www.ktr.mlit.go.jp/ktr_content/content/000851445.xlsx）

■帳簿に記載すべき内容（建設業法施行規則第 26 条）

① 営業所の代表者の氏名及びその就任日
② 請け負った建設工事の契約に関する事項
　1. 工事の名称、工事現場の所在地
　2. 契約日
　3. 注文者の商号、住所、許可番号
　4. 注文者による完成検査の完了日
　5. 目的物の引渡日
③ 発注者と締結した住宅の新築工事の請負契約に関する事項
　1. 住宅の床面積
　2. 建設業者の建設瑕疵負担割合
　3. 発注者に交付している住宅瑕疵担保責任保険法人
④ 下請契約に関する事項
　1. 工事の名称、工事現場の所在地
　2. 契約日
　3. 下請業者の商号、住所、許可番号
　4. 完成検査の完了日
　5. 目的物の引渡しを受けた日
　また、特定建設業の許可を受けている者が注文者となって、資本金が 4,000 万円未満の一般建設業者に建設工事を下請発注した場合、次の事項についても記載が必要となります。
　1. 支払った下請代金の額、支払日とその手段
　2. （支払手形を交付したとき）手形の金額、交付年月日、手形の満期
　3. （代金の一部を支払ったとき）下請代金の支払残額
　4. 遅延利息の額、支払日（下請からの引き渡しの申出から 50 日を経過した場合に発生する遅延利息（年 14.6%）の支払いに係るもの）

　帳簿が作成・保管されている場合は、記載事項が網羅されているかを帳簿で確認をすることができます。

2　帳簿の電子保存

　帳簿に記載すべき事項は、工事請負契約書や施工体制台帳等、様々な書類や電子データに情報が分散されていることが一般的です。例えば、これらの電子データを帳簿として 1 枚に情報をまとめず、各種電子データをかき集めれば必要な情報（帳簿の記載事項）が揃う状態の場合、これは帳簿を備えていることになるのでしょうか。

　結論としては、問題ありません。帳簿の保存方法は紙だけでなく、電磁的記録による方法でも認められているためです。建設業法施行規則第 26 条第 6 項では、「第 1 項各号に掲げる事項が電子計算機に備えられたファイル又は電磁的記録媒体に記録され、必要に応じ当該営業所において電子計算機その他の機器を用いて明確に紙面又は出力装置の映像面に表示されるときは、当該記録をもつて法第 40 条の 3 に規定する帳簿への記載に代えることができる。」とされています。

　ただし、情報が分散している状態であっても、営業所ごとに必要なときに必要な情報のみ取り出せる状態や検索できる状態にしておく必要はありますので、情報の保存状態には注意してください。

第8節 建設業者（下請業者）の確認方法

1 再下請負通知書とは

　再下請負通知書とは、現場に出入りする下請業者の情報を把握するための書類で、下請業者が作成をして元請業者へ提出するものです。元請業者は、再下請負通知書によって、二次下請業者以下の下請業者の情報を把握することができます。下請業者は、自社が請け負った建設工事をさらに下位の下請業者に注文（再下請負）した場合に、再下請負通知書の作成義務が発生します。言い換えれば、一次下請以下の下請業者は、請け負った建設工事をすべて自社のみで完成させてしまえば再下請負通知書の作成をする必要がないということです。

　特定建設業者のうち、発注者から直接建設工事を請け負った元請業者の場合、その工事に参加するすべての下請業者に対する指導義務が課されます。

　元請業者となる特定建設業者には次のような責務があります。

① 現場での法令遵守指導の実施
② 下請業者の法令違反に対する是正違反
③ 下請業者が是正しないときの許可行政庁への通報

　元請業者は、下請業者の法令遵守状況を確認するためにも、下請業者から提出される再下請負通知書によって、工事に携わるすべての下請業者の情報を確認するようにしましょう。

■再下請負通知書の流れ

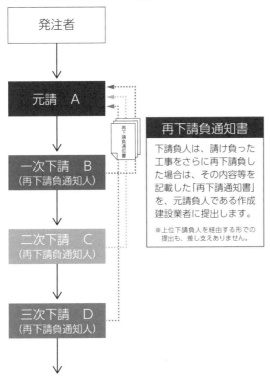

参照：国土交通省関東地方整備局「建設工事の適正な施工を確保するための建
設業法（令和5.1版）より

2　再下請負通知書の記載例

再下請負通知書には、記載すべき事項が定められているため、他
の様式を使用する場合には記載事項が漏れないようにしなければな
りません。

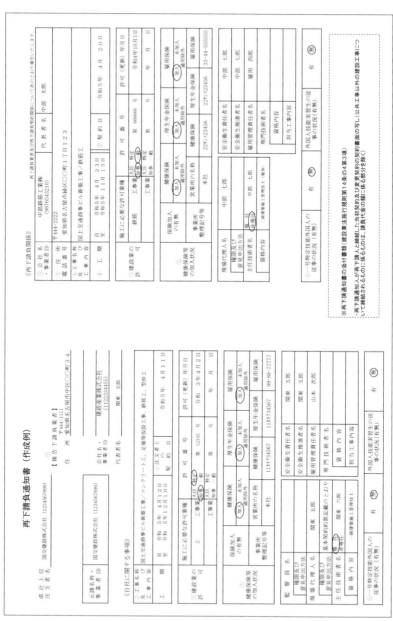

出典：国土交通省「再下請負通知書（作成例）」（http://milt.go.jp/totikensangyo/const/content/001389108.xls）をもとに作成

■再下請負通知書に記載すべき事項（建設業法施行規則第14条の4）

> ①　再下請負通知人に関する事項（商号、住所、建設業許可番号）
>
> ②　再下請負通知人が請け負った建設工事に関する事項（名称、注文者の商号、下請契約の締結年月日）
>
> ③　下請契約を締結した再下請負人に関する事項（商号、住所、建設業許可番号）
>
> ④　再下請負人と締結した請負契約に関する事項　※契約書に記載されていれば省略可
>
> ⑤　健康保険等の加入状況
>
> ⑥　外国人材の従事状況

221ページの図表「■**再下請負通知書の流れ**」において、一次下請Bが、元請Aに対して再下請負通知書を提出するケースに当てはめると、「再下請負通知人」は一次下請B、「再下請負人」は二次下請Cとなります。

第6章

立入検査を恐れない建設業者になるために必要なこと

　「立入検査を恐れない建設業者」つまり、「建設業法令遵守ができている建設業者」になるためは、事例から学び、対策を検討することが大事だと考えています。本章では、監督処分を受けた建設業者の事例を紹介するとともに、当社の顧客が実践している建設業法令遵守を推進するための取組みの事例（建設業法令遵守マニュアルの作成と研修の実施）を紹介します。

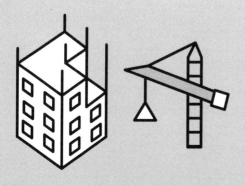

第1節 監督処分を受けた建設業者の事例

　まずは監督処分の事例から傾向を知りましょう。

　商号または名称や代表者名、主たる営業所の所在地など、会社が特定できる情報は伏せた状態で紹介しますが、いずれの事例も国土交通省の「ネガティブ情報等検索サイト」（https://www.mlit.go.jp/nega-inf/）にて閲覧することが可能です。

1　指示処分

（1）福岡県Ｃ社の事例

商号又は名称	Ｃ社
主たる営業所の所在地	福岡県
許可番号	福岡県知事許可（般-●）第●●●●号
許可を受けている建設業の種類	土、建
処分年月日	2023 年 12 月 20 日
処分を行った者	福岡県
根拠法令	建設業法第 28 条第 1 項

処分の内容（詳細）	(1) 今回の処分内容を、役職員に周知徹底すること。 (2) 建設業法及び関係法令を遵守する組織体制を整えるとともに、社内教育を継続的に実施すること。 (3) 建設業法及び同法施行規則で定める経営事項審査の有効期間が切れないよう、継続した経営事項審査の受審について業務管理を徹底すること。 (4) 前記について講じた措置を速やかに文書をもって報告すること。
処分の原因となった事実	Ｃ社は、川崎町発注の土木工事において、土木工事の許可が失効していたにもかかわらず、建設業法施行令第1条の2第1項に定める軽微な建設工事の範囲を超える請負契約を締結した。また、建設業法第27条の23第1項で規定する経営事項審査を継続して受審せず、同法施行令に定める建設工事を発注者から直接請け負うことができない期間が生じていたにもかかわらず、この間に川崎町が発注する土木工事の入札に参加し、請負契約を締結した。以上のことは、建設業法第3条第1項及び同法第27条の23第1項に違反する行為であり、同法第28条第1項第2号に該当する。

　この事例は、土木工事の許可が失効していたにもかかわらず、500万円以上の建設工事の請負契約を締結してしまった、及び、経

営事項審査を受審していないにもかかわらず、公共工事の入札に参加して請負契約を締結してしまったという事例です。

　建設業許可の更新手続や経営事項審査手続を失念したなどの理由により、建設業許可や経営事項審査の結果が失効してしまったものと考えられます。

(2) 福岡県A社の事例

商号又は名称	A社
主たる営業所の所在地	福岡県
許可番号	福岡県知事許可（特-●）第●●●●号
許可を受けている建設業の種類	建
処分年月日	2023年12月12日
処分を行った者	福岡県
根拠法令	建設業法第28条第1項第2号
処分の内容（詳細）	(1) 今回の事案の内容及びこれに対する処分内容について、役職員に速やかに周知徹底をすること。 (2) 建設業法その他関係法令を遵守すること。 (3) 建設業法及び関係法令の遵守を社内に徹底するため、研修及び教育（以下「研修等」という。）の計画を作成し、役職員に対し継続的に必要な研修等を行うこと。

	（4）（1）〜（3）の指示に対して講じた措置を速やかに文書をもって報告すること。
処分の原因となった事実	Ａ社は、令和３年度から５年度までの２件の民間工事において、建設業法第26条第３項の規定に違反し、営業所の専任技術者を専任の監理技術者として工事現場に配置した。このことは、建設業法第28条第１項第２号に該当する。

　この事例は、営業所の専任技術者を専任の監理技術者として工事現場に配置してしまった事例です。

　営業所の専任技術者は、①適正な請負契約が締結されるよう、技術的観点から契約内容の確認を行うほか、②請負契約の適正な履行が確保されるよう、現場の監理技術者等のバックアップ・サポートを行うことがその職務です。営業所に常勤し、専らその職務に従事すること（専任）が必要であるため、原則として、工事現場の監理技術者・主任技術者になることはできません。

　例外として、次の条件をすべて満たす場合には、営業所の専任技術者が工事現場の監理技術者等を兼務することができるとされています。

・当該営業所において請負契約が締結された建設工事であること
・工事現場の職務に従事しながら実質的に営業所の職務にも従事しうる程度に工事現場と営業所が近接していること
・当該営業所との間で常時連絡を取りうる体制にあること

○営業所における専任の技術者の取扱いについて（平成15年4月21日国総建第18号）

　当該営業所において請負契約が締結された建設工事であって、工事現場の職務に従事しながら実質的に営業所の職務にも従事しうる程度に工事現場と営業所が近接し、当該営業所との間で常時連絡をとりうる体制にあるものについては当該営業所において営業所専任技術者である者が当該工事の現場における主任技術者又は監理技術者（法第26条第3項に規定する専任を要する者を除く。以下「主任技術者等」という）となった場合についても「営業所に常勤して専らその職務に従事」しているものとして取り扱う。

■営業所の専任技術者による非専任現場の兼務

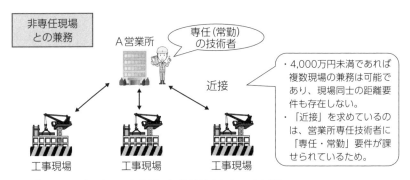

※いずれも非専任現場、A営業所で契約締結された工事に限る。
※専任現場との兼務は現状認められていない。

出典：国土交通省　令和4年3月29日第3回適正な施工確保のための技術者制度検討会（第2期）「営業所専任技術者制度について」から引用して加工（https://www.mlit.go.jp/tochi_fudousan_kensetsugyo/const/content/001475617.pdf）

（3）岡山県K社の事例

商号又は名称	K社
主たる営業所の所在地	岡山県
許可番号	国土交通大臣許可（般・特-●）第●●●●号
許可を受けている建設業の種類	土、大、と、鋼、筋
処分年月日	2023年11月29日
処分を行った者	中国地方整備局
根拠法令	建設業法第28条第1項（同上第1項第3号該当)
処分の内容（詳細）	1　今回の違反行為の再発を防ぐため、少なくとも、以下の事項について必要な措置を講じること。 ①今回の違反の内容及びこれに対する処分内容について、役員及び従業員に速やかに周知徹底すること。 ②施工現場等における安全管理体制の調査点検を行うとともに、安全管理体制の整備・強化を図ること。 ③建設業法及び関係法令の遵守を社内に徹底するため、研修及び教育（以下「研修等」という。）の計画を作成し、役員及び従業員に対し継続的に必要な研修等を行うこと。

	2　前項について講じた措置（前項に係る措置以外に講じた措置がある場合にはこれを含む。）を速やかに文書をもって報告すること。
処分の原因となった事実	K社はM社・○社緊急地方道路整備工事共同企業体が元請負人である徳島県阿南市福井町の由岐大西線緊急地方道路整備工事色面トンネルのうち、掘削工事の二次下請負として工事を請け負っていた。当該工事現場において、令和4年12月13日、同社の労働者が支保工の固定作業中、倒れてきた支保工に左足を挟まれる労働災害が発生したにも関わらず、同社の現場代理人は、これを偽り、同工事において、支保工荷ぶれが労働者の左足に接触した旨の虚偽の事実を記載した労働者死傷病報告書を労働基準監督署に提出し、もって虚偽の報告を行った。本件について、同社及び同社現場代理人は令和5年7月26日に、阿南簡易裁判所より労働安全衛生法違反で略式命令（罰金刑）を受け、その刑が確定している。このことが建設業法第28条第1項第3号に該当すると認められる。

　この事例は、虚偽の事実を記載した労働者死傷病報告書を労働基準監督署に提出したことにより、労働安全衛生法違反で罰金刑を受けたという事例です。

　次のいずれかに該当する行為は「労災かくし」と呼ばれています

が、労災かくしは犯罪で、労働安全衛生法違反で処罰されることになります。

① 労働者私傷病報告を故意に提出しないこと

② 労働者私傷病報告に虚偽の内容を記載し、提出すること

労働安全衛生法に代表される建設工事の施工等に関する他法令の違反は、監督処分の対象となります。建設業法だけではなく、他法令の遵守も意識しなければなりません。

(4) 京都府K社の事例

商号又は名称	K社
主たる営業所の所在地	京都府
許可番号	京都府知事許可（般・特-●）第●●●●号
許可を受けている建設業の種類	土、建、と、石、管、鋼、舗、し、塗、水、解
処分年月日	2023年11月24日
処分を行った者	京都府
根拠法令	建設業法第28条第1項本文（同法第11条第1項違反）
処分の内容（詳細）	1　指示の内容 (1)　今回の事件の再発を防ぐため、少なくとも、以下の事項について必要な措置を講じること。 ア　今回の事件の内容及びこれに対する

	処分内容について、役職員に速やかに周知徹底すること。 イ　建設業法等関係法令の遵守を社内に徹底するため、研修及び教育（以下「研修等」という。）の計画を作成し、役職員に対し継続的に必要な研修等を行うこと。 (2)　前号ア及びイについて講じた措置（貴社において前号ア及びイに係る措置以外に講じた措置がある場合にはこれを含む。）について、速やかに文書をもって報告すること。
処分の原因となった事実	K社は、宇治田原営業所を建設工事の入札、見積及び契約締結を行う営業所として、令和4年4月1日付けで宇治田原町の一般競争（指名競争）入札参加資格（令和4・5年度分）を取得し、建設業の営業を行っていたにもかかわらず、営業所新設から30日以内に変更届出書を提出しなかった。この事実は、建設業法第11条第1項に違反し、同法第28条第1項の規定により、指示処分の対象となる。

　この事例は、営業所を設置したにもかかわらず、建設業許可の変更届出書を提出していなかったという事例です。

　建設業法において、「営業所」とは、本店または支店もしくは常時建設工事の請負契約を締結する事務所をいうとされています。建設業者が営業所を設置した場合は、建設業法で届出をすることが義

務付けられています。

　建設業許可の手続きは建設業法令遵守への第一歩です。手続きを適正に行うことは、建設業法令遵守の基礎と心得ましょう。

2　営業停止処分

(1)　岡山県H社の事例

商号又は名称	H社
主たる営業所の所在地	岡山県
許可番号	国土交通大臣許可（般・特-●）第●●●●号
許可を受けている建設業の種類	土、建、大、左、と、石、屋、電、管、タ、鋼、筋、舗、し、板、ガ、塗、防、内、機、絶、具、水、消、解
処分年月日	2023年11月28日
処分を行った者	中国地方整備局
根拠法令	建設業法第28条第1項（同条第11条第2号該当）
処分の内容（詳細）	1　停止を命ずる営業の範囲 ①　全国の区域内における建設業に関する営業のうち、公共工事に係るもの。 ②　全国の区域内における土木工事業及びとび・土工工事業に関する営業のうち、公共工事に係るもの。

	（注1）「土木工事業に関する営業」とは、注文者から土木一式工事を請け負う営業をいう。 （注2）「とび・土工工事業に関する営業」とは、注文者からとび・土工・コンクリート工事を請け負う営業をいう。 （注3）「公共工事」とは、国、地方公共団体、法人税法（昭和40年法律第34号）別表第一に掲げる公共法人（地方公共団体を除く。）又は建設業法施行規則（昭和24年建設省令第14号）第18条に規定する法人が発注者である建設工事をいう。 2　期間 1①について　令和5年12月13日から令和6年1月26日までの45日間 1②について　令和6年1月27日から令和6年2月17日までの22日間
処分の原因となった事実	H社は建設業法第26条の規定に違反して、資格要件を満たさない者を主任技術者及び監理技術者として、2名を8工事現場に配置していた。また、経営事項審査において、資格要件を満たさない者50名を複数年にわたり、技術職員名簿に記載し、虚偽の申請を行うことにより得た経営事項審査結果を公共工事の発注者に提出し、公共発注者がその結果を資格審査に用いた。これらのことが、28

| | 条第1項第2号に該当すると認められる。 |

　この事例は、資格要件を満たさない者を監理技術者・主任技術者として配置してしまっていたという事例です。具体的な内容が書かれているわけではないのでわかりませんが、おそらく「実務経験の不備」と考えられます。

　H社が直接関係する事案ではありませんが、一時期、実務経験不備事案が立て続けに発生し、国土交通省では技術検定不正受検防止対策検討会が立ち上げられ、話題となっていました。H社もおそらく同様の事例だと考えられます（参考：国土交通省「実務経験不備事案の概要について」https://www.mlit.go.jp/totikensangyo/const/content/001361722.pdf）。

　国土交通省の「実務経験不備事案の概要について」で取り上げられた事案では、いずれも技術検定で受検資格として求められる実務経験について、実務経験を充足していない状況で技術検定を受検し、施工管理技士の資格を不正に取得したという内容です。

　建設業界全体が人手不足であるため、どの建設業者でも従業員の資格取得を推進している状況だと思いますが、建設業者は従業員の実務経験を証明する立場として、実務経験要件を理解し、管理・チェック体制を構築する必要があります。

(2)　大阪府S社の事例

商号又は名称	S社
主たる営業所の所在地	大阪府
許可番号	国土交通大臣許可（般・特-●）第●●●●号

許可を受けている建設業の種類	建、と
処分年月日	2023 年 11 月 22 日
処分を行った者	近畿地方整備局
根拠法令	建設業法第 28 条第 1 項第 6 号
処分の内容（詳細）	1　停止を命ずる営業の範囲 福井県、滋賀県、京都府、大阪府、兵庫県、奈良県及び和歌山県の区域内におけるとび・土工工事業に関する営業のうち、民間工事に係るもの。 2　期間 令和 5 年 12 月 7 日から令和 5 年 12 月 16 日までの 10 日間
処分の原因となった事実	S 社は、建設業法第 3 条第 1 項の許可を受けずに建設業を営む者と同法施行令第 1 条の 2 に定める軽微な建設工事の範囲を超えて下請契約を締結した。このことが、建設業法第 28 条第 1 項第 6 号に該当すると認められる。

　この事例は、無許可の下請業者と軽微な建設工事の範囲を超えて下請契約を締結してしまったという事例です。

　軽微な建設工事とは、次の①②に該当する建設工事のことをいいます。

①　建築一式工事 　1 件の請負代金が 1,500 万円（消費税及び地方消費税を含む）

未満の工事または請負代金の額に関わらず、木造住宅で延べ面積
が150㎡未満の工事
②　建築一式工事以外の工事
　1件の請負代金が500万円（消費税及び地方消費税を含む）
未満の工事

　軽微な建設工事の範囲を超えて建設工事の請負契約を締結する場
合には、建設業許可が必要です。このルールには元請も下請も関係
ありません。元請業者は、下請契約を締結する下請業者が建設業許
可を有しているかどうか、必ずチェックするようにしましょう。

3　許可取消処分

（1）神奈川県D社の事例

商号又は名称	D社
主たる営業所の所在地	神奈川県
許可番号	神奈川県知事許可（特-●）第●●●●号
許可を受けている建設業の種類	土、と、管、舗、水
処分年月日	2023年12月26日
処分を行った者	神奈川県
根拠法令	建設業法第29条第1項第2号
処分の内容（詳細）	建設業法第29条第1項に基づく建設業

	許可の取消し（土木工事業、とび・土工工事業、管工事業、舗装工事業及び水道施設工事業に係る特定建設業の許可の取消し）
処分の原因となった事実	当該建設業者の取締役が、建設業法（昭和 24 年法律第 100 号）違反により、罰金 50 万円の刑に処せられ、令和 5 年 10 月 14 日にその刑が確定した。
その他参考となる事項	警察からの情報提供

　この事例は、建設業法違反により罰金刑に処せられ、その結果、建設業許可の欠格要件（建設業法第 8 条第 8 号）に該当したことにより、許可取消処分を受けたという事例です。

> 第 8 条　国土交通大臣又は都道府県知事は、許可を受けようとする者が次の各号のいずれか（許可の更新を受けようとする者にあつては、第 1 号又は第 7 号から第 14 号までのいずれか）に該当するとき、又は許可申請書若しくはその添付書類中に重要な事項について虚偽の記載があり、若しくは重要な事実の記載が欠けているときは、許可をしてはならない。
>
> （中略）
>
> 　八　この法律、建設工事の施工若しくは建設工事に従事する労働者の使用に関する法令の規定で政令で定めるもの若しくは暴力団員による不当な行為の防止等に関する法律（平成 3 年法律第 77 号）の規定（同法第 32 条の 3 第 7 項及び第 32 条の 11 第 1 の規定を除く。）に違反したことにより、又は刑法（明治 40 年法律第 45 号）第 204 条、第 206 条、第 208 条、第 208 条の 2、第 222 条若しくは第 247 条の罪若しくは暴力行為等処罰に関する法律（大正 15 年法

律第 60 号）の罪を犯したことにより、罰金の刑に処せら
れ、その刑の執行を終わり、又はその刑の執行を受けるこ
とがなくなつた日から 5 年を経過しない者
(以下省略)

　公表されている情報からどのような違反により、罰金刑に処せら
れたかを知ることはできません。しかしながら、警察からの情報提
供が端緒となり、許可取消処分に至ったことがわかります。

(2) 富山県D社の事例

商号又は名称	D社
主たる営業所の所在地	富山県
許可番号	富山県知事許可（般-●）第●●●●号
許可を受けている建設業の種類	土、と、解
処分年月日	2023 年 12 月 15 日
処分を行った者	富山県
根拠法令	建設業法第 29 条第 1 項第 2 号（同法第 8 条第 12 号該当)
処分の内容（詳細）	建設業法第 29 条第 1 項の規定による許可の取消し
処分の原因となった事実	D社の代表取締役は、道路交通法の一部を改正する法律（令和 4 年法律第 32 号）第 1 条の規定による改正前の道路交通法（昭和 35 年法律第 105 号）第

| | 117条の2の2第1号及び道路交通法第118条第1項第1号の罪により、懲役1年執行猶予3年の判決を令和5年3月23日に言い渡され、その判決が同年4月7日に確定した。このことが、法第29条第1項第2号に該当する。 |

　この事例は、D社の代表取締役が、無免許で自動車等を運転したうえ、スピード違反をして、懲役1年執行猶予3年の刑が確定し、許可取消処分を受けたという事例です。

●道路交通法
第117条の2の2　次の各号のいずれかに該当する者は、3年以下の懲役又は50万円以下の罰金に処する。
　一　法令の規定による運転の免許を受けている者（第107条の2の規定により国際運転免許証等で自動車等を運転することができることとされている者を含む。）でなければ運転し、又は操縦することができないこととされている車両等を当該免許を受けないで（法令の規定により当該免許の効力が停止されている場合を含む。）又は国際運転免許証等を所持しないで（第88条第1項第2号から第4号までのいずれかに該当している場合又は本邦に上陸をした日から起算して滞在期間が1年を超えている場合を含む。）運転した者
（以下省略）

第118条　次の各号のいずれかに該当する者は、6月以下の懲役又は10万円以下の罰金に処する。
　一　第22条（最高速度）の規定の違反となるような行為をした者

（以下省略）

　この事例のように、無免許運転は論外ですが、スピード違反や信号無視などの道路交通法違反は生活に身近な法令違反だと思います。当然のことではありますが、法令遵守は、業務上だけでなく日常生活においても意識をしなければなりません。

　許可取消処分の事例で紹介した2つの事例のように、役職員個人の違反行為により、法人が許可取消処分を受けてしまうことも少なくありません。役職員に対する法令遵守の教育等により、個々人の法令遵守の意識を高める取組みが大事です。

第2節 建設業法令遵守マニュアルを作成する

　これまでにもお伝えしているとおり、役職員に対する法令遵守の教育等により、個々人の法令遵守の意識を高める取組みが大事です。そこで、当社が顧客に対して、建設業法令遵守のためにおすすめしているツールの１つが「建設業法令遵守マニュアル」です。顧客自身で作成されることもありますし、当社でも作成の支援をしています。

1　建設業法令遵守マニュアルとは

　当社が作成を支援している建設業法令遵守マニュアルは、顧客の役職員の建設業法令遵守の意識を定着させるため、普段の業務で活用できる顧客専用の建設業法令のルールに関するマニュアルです。役職員が業務のなかでわからないことがあれば、この建設業法令遵守マニュアルを参照して仕事を進めていくことになります。

　国土交通省や都道府県のガイドラインや建設業許可の手引きも１つの方法なのですが、国土交通省のガイドラインや都道府県が出している手引きはすべての建設業者に共通する一般的な内容となっており、建設業者の業務の実態に即した明確な答えが得られないことがあります。例えば、建設業許可の状況や契約締結フロー、使用している各種書式など、建設業者によって異なる部分が多くあります。

　オリジナルの建設業法令遵守マニュアルであれば、建設業許可の

状況や契約締結フロー、各種書式など、会社の実態に合わせて作成することで、役職員全員にとってわかりやすい内容となり、統一した判断や対応をすることが可能となります。建設業法令遵守マニュアルを作成することにより、建設業法の規定を知らず、法的に正しいのかわからないまま業務を進めてしまうようなことがなくなり、建設業法違反のリスクを減らすことができます。

2　建設業法令遵守マニュアルの内容

　当社で作成を支援した建設業法令遵守マニュアルの一部を次ページに掲載します。実際のものは40ページほどのボリュームです。

Ver.1

■目次

[I. 建設業法の概要]
1. 建設業法の目的
2. 建設業法とは

[II. 「建設工事」の評価判定]
1. 「建設工事」の定義
2. 建設工事の種類
3. 建設工事の適否判断

[III. 建設業許可の要件]
1. 経営業務の管理責任者
2. 営業所の専任技術者
3. 営業所の定義
4. ■■の許可状況

[IV. 技術者について]
1. 技術者の配置
2. 配置技術者の配置が必要な工事
3. 技術者の専任関係
4. 外注入技術者

[V. 下請契約について]
1. 見積り
2. 契約
3. 締結・引渡し

[VI. 建設業者の義務について]
1. 特定建設業（元請）の義務
2. 一括下請負（工事の丸投げ）の禁止
3. 施工体制台帳・施工体系図
4. 帳簿の備付
5. 標識の掲示

[VII. その他の義務]
1. 建設業法に違反すると
2. 許可行政庁相談窓口一覧
3. 関係法令資料

1

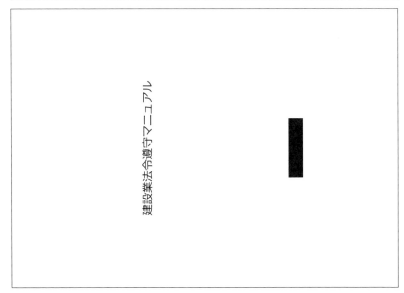

建設業法令遵守マニュアル

（社外秘）

[I. 建設業法の目的等]

1. 建設業法の目的

建設業法は、建設業を営む者の資質の向上、建設工事の請負契約の適正化等を図ることによって、建設工事の適正な施工を確保し、発注者を保護するとともに、建設業の健全な発達を促進し、もって公共の福祉の増進に寄与することを目的としています。（建設業法第1条）

2. 建設業許可とは

建設業（建設工事の完成を請け負うことを営業とする者）を営もうとする者は、建設業法第3条第1項の2で定める軽微な建設工事を除き建設業を営もうとする者を除いて、建設業の許可を受けなければなりません。（建設業法第3条第1項）

◆軽微な建設工事とは
以下のいずれかに該当するものをいいます。
①建築一式工事では、請負代金の額が1,500万円未満の工事又は延べ面積が150㎡未満の木造住宅工事
②建築一式工事以外の工事では、請負代金が500万円未満の工事

※注意点
・正当な理由に基づかず、工事の完成を2つ以上の契約に分割して請け負うときは、それぞれの額
的な建設業法の許可を判定します。
・材料の注文者から支給される場合は、支給材料費の市場価格相当を含めます。
・請負代金や受取材料費に係る消費税及び地方消費税相当の合計額を含めます。

2

Ver.1

（社外秘）

[II. 「建設工事」の定義]

1. 「建設工事」の定義

建設業法は、建設業法の遵守を受けるため、受注する事業が建設工事に該当するかどうかを判断して対応しないければなりません。そのためには、まず建設工事とは何か、その定義を理解しておく必要があります。
建設業法では、土木建築に関する工事で別表第一の上欄に掲げるもの（29種類の建設業法第2条第1項）
とされています。（土木建築に関する工事）は、（土木工作物、建築物に関する工事）と理解しておけばよいでしょう。

土木工作物、人造の文物を加えることによって構築、土地に固定して設置された物
建築物、土地に定着する工作物のうち、屋根及び柱を有するもの（これに関する構造のものを含む）

なお、建設業法の「別表第一」の上欄」をまとめると下表のとおりです。

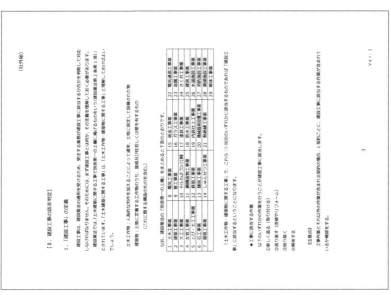

1	土木一式工事	8	電気工事	15	板金工事	22	電気通信工事
2	建築一式工事	9	管工事	16	ガラス工事	23	造園工事
3	大工工事	10	タイル・れんが・ブロック工事	17	塗装工事	24	さく井工事
4	左官工事	11	鋼構造物工事	18	防水工事	25	建具工事
5	とび・土工・コンクリート工事	12	鉄筋工事	19	内装仕上工事	26	水道施設工事
6	石工事	13	舗装工事	20	機械器具設置工事	27	消防施設工事
7	屋根工事	14	しゅんせつ工事	21	熱絶縁工事	28	清掃施設工事
						29	解体工事

◆工事に該当する作業
（土木工事等・建設物に関する工事）で、これら29種類のいずれかの建設工事に該当します。
事」に該当するということになります。

①新しく造る（取り付ける）
②造り直す（改修・リフォーム）
③取り除く
④解体する

◆注意点
工事作業とそれ以外の作業が含まれる契約の場合、1契約ごとに、建設工事に該当する作業が含まれているか確認をする。

3

Ver.1

2. 建設工事の種類

上記29種類の建設工事のうち、当社の建設工事に関連する業種である「管工事」「機械器具設置工事」について、その定義を理解しておきましょう。

建設工事の種類	建設工事の内容	建設工事との区分の考え方
管工事	冷暖房、冷凍冷蔵、空気調和、給排水、衛生等のための設備を設置し、又は金属製等の管を使用して水、油、ガス、水蒸気等を送配するための設備を設置する工事	（略）

	管工事	機械器具設置工事
主たる営業所（本社）	○	○
検査営業所		○
東京営業所	○	

○建設業法令遵守マニュアルの構成

建設業法令遵守マニュアルに必要な項目は、建設業者によって異なりますが、建設業法の基礎的なルールや建設業法違反の多い事項を踏まえて、次のような項目を盛り込んだ構成にしておくとよいと思います。

・建設業法の目的

・建設業許可制度

・現場の配置技術者

・特定建設業者の責務

・一括下請負の禁止

・施工体制台帳と施工体系図

・適正な請負契約

・適正な下請代金の支払い

・帳簿の備付けと保存

・標識の掲示

3　建設業法令遵守マニュアル作成に役立つ資料

建設業法令遵守マニュアルの構成を踏まえて、建設業法令遵守マニュアルの作成に役立つ資料を紹介します。

・国土交通省「建設業法令遵守ガイドライン」

https://www.mlit.go.jp/totikensangyo/const/content/001618557.pdf

・国土交通省「発注者・受注者間における建設業法令遵守ガイドライン」

https://www.mlit.go.jp/totikensangyo/const/content/001618558.pdf

・国土交通省「監理技術者制度運用マニュアル」
https://www.mlit.go.jp/totikensangyo/const/content/001732903.pdf
・国土交通省「施工体制台帳の作成等について」
https://www.mlit.go.jp/totikensangyo/const/content/001581333.pdf
・国土交通省関東地方整備局「建設工事の適正な施工を確保するための建設業法」
https://www.ktr.mlit.go.jp/ktr_content/content/000699485.pdf

　いずれの資料も建設業法令遵守マニュアルにすることなく活用しようと思えば、そのままマニュアル的に活用できる資料ばかりです。しかしながら、いずれの資料もすべての建設業者に共通する一般的な内容となっており、建設業者の業務の実態に即した明確な答えが得られないことがあるため、これらの資料を活用して、自社オリジナルのマニュアルを作成することをおすすめしています。

第3節 社員のコンプライアンス意識を醸成する研修を行う

　当社が顧客に対して、建設業法令遵守マニュアルの作成の他にお
すすめしているのが、研修の実施です。社員のコンプライアンス意
識を醸成するため、建設業法に関する研修を実施するというもので
す。建設業者様の専門部署で講師の対応をされることもあります
し、当社でも依頼を受けて講師の対応をしています。

1　研修の内容

　研修の内容に盛り込む事項は、基本的には建設業法令遵守マニュ
アルの構成と同じで問題ありません。そのため、「建設業法令遵守
マニュアル作成に役立つ資料」で紹介した資料が研修資料の作成に
も役立ちます。
　当社で研修を実施するときは、建設業法の基礎的な部分だけでな
く1つの項目を深掘りすることもあります。例えば、「現場の配置
技術者」がテーマであれば、次のような内容で実施します。
　①　工事現場ごとの技術者設置の必要性
　②　監理技術者・主任技術者の設置ルール
　③　監理技術者・主任技術者の専任が求められる工事
　④　監理技術者・主任技術者の職務内容
　⑤　監理技術者・主任技術者の資格要件
　⑥　監理技術者資格者制度と監理技術者講習制度　等

研修を実施したことがないという建設業者であれば、まずは建設業法の基礎を学ぶ研修がよいでしょう。また、研修を何度も実施している建設業者や、基礎がわかっている従業員が対象となる研修の場合は、社内で相談の多い事項やニュースになった建設業法違反の事例、監督処分を受けた事例からテーマを決めて実施するとよいでしょう。

2　研修の実施頻度

「どのくらいの頻度で建設業法の研修を実施したらよいのでしょうか？」と研修を実施される顧客から聞かれることがあります。これについての正解はありませんが、当社としては毎年最低1回は実施するのがよいと考えています。

次ページの表は、建設業法などの法律の改正に関する変遷です。建設業法だけでなく、建設業法施行令や建設業法施行規則の改正、国土交通省の建設業法令遵守ガイドラインや監理技術者制度運用マニュアル等の資料の改訂も含めると、毎年何かしらの改正がされている状況です。そのため、毎年1回は研修を実施して新しい情報を取り入れるようにしましょう。

■建設業法等の変遷と時代背景

主要な制定・改正	主要な制定・改正事項	建設業界の状況	時代背景
「建設業法」(昭和24年)	・登録制の導入 ・請負契約の原則(契約内容、見積り期間等)の規定 ・主任技術者の設置義務	・建設業者が急増、過当競争によるダンピング受注や不適正施工、代金支払いが適切になされない等請負契約の片務性が問題	・戦後復興(昭和25年～29年) ・特需景気(昭和25年～29年)
「公共工事の前払金保証事業に関する法律」(昭和27年)	・公共工事に前払金支払制度を導入		・高度経済成長、公共投資の著しい伸びのはじまり(昭和30年)
「建設業法の一部を改正する法律」(昭和28年)	・建設業者の登録要件の強化(各営業所への担当者の設置) ・一括下請の禁止の強化(無許可業者への一括下請も禁止に)		・東海道新幹線着工、首都圏道路整備大計画指示(昭和34年)
「建設業法の一部を改正する法律」(昭和31年)	・建設工事紛争審査会を設置し、紛争処理の手続等を整備		
「建設業法の一部を改正する法律」(昭和35年)	・施工技術向上のため技術検定制度を創設		
「建設業法の一部を改正する法律」(昭和36年)	・総合工事業者(現在の一式工事)に相当の創設 ・経営事項審査制度の法制化	・建設投資が増大、建設業の社会的役割が一層重要に ・施工能力、資力、信用に問題のある不良不適格業者の存在 ・粗雑粗漏工事や手抜災害の発生 ・建設業の資質を向上として適正施工を確保する必要	・東京オリンピック(昭和39年) ・いざなぎ景気(昭和40年～45) ・超高層ビル竣工(昭和43年)
「建設業法の一部を改正する法律」(昭和46年)	・登録制から許可制へ移行 ・請負契約の適正化に関する規定の整備(不当な請負契約の禁止、下請代金の支払等)		・オイルショック(昭和48年)
「建設業法の一部を改正する法律」(昭和62年)	・指定建設業を設定し、技術者を国家資格に限定 ・技術検定に係る指定試験機関制度の導入 ・経営事項審査制度の整備	・建設投資の不振・需要の低迷の中で競争が激化、経営環境の悪化 ・施工能力、資力、信用など問題のある不良業者の不当参入	・バブル崩壊(平成5年) ・ゼネコン汚職事件(平成5年)
「建設業法の一部を改正する法律」(平成6年)	・建設業の欠格事由の強化(禁錮以上の刑に処せられた者に拡大等) ・経営事項審査制度の改善(公共工事入札に係る審査者への受審義務化、虚偽記載への罰則の設置)		
「公共工事の入札及び契約の適正化の促進に関する法律」(平成12年)	・入札契約に係る情報の公表や主任工事体制の適正化 ・発注者責による公共工事施工体制の確立を図る	・公共工事をめぐる一連の不祥事が発生し、公共工事に対する国民の信頼を回復する必要 ・公共工事がWTO協定の対象に	・財政再建のための公共投資減(平成13年～18年) ・構造計算書偽装問題(平成17年)
「公共工事の品質確保の促進に関する法律」(平成17年)	・公共工事の品質確保に関する基本理念、発注者責務の明確化 ・価格と品質が総合的に優れた調達への転換 ・発注者をサポートする仕組みの明確化		・リーマンショック(平成20年) ・公共投資大幅減(平成21年～23年) ・東日本大震災(平成23年)
「建設業法等の一部を改正する法律」(平成18年)	・共同住宅建築等で建設工事について一括下請負を全面的禁止		
「建設業法の一部を改正する法律」(平成26年)	・担い手の育成及び確保に関する責務の追加 ・業種区分に解体工事業を追加 ・公共工事における施工体制台帳の作成の義務化	・近年の建設投資の大幅な減少による受注競争の激化により、ダンピング受注や下請企業のしわ寄せが発生 ・離職者の増加、若年入職者の減少等による将来の担い手不足が懸念 ・維持更新時代の到来に伴い、解体工事等の施工実態に変化	

出典：国土交通省「建設業法の構成、変遷等」(https://www.mlit.go.jp/common/001172147.pdf)

3 行政書士法人名南経営の顧客の事例

(1) N社の事例

　グループ会社で、毎年グループ会社間での人事異動が多い企業です。初めて建設業に携わる従業員も多いので、建設業法に関する研修を「基礎編」と「応用編」の2つに分け、支社ごとに年2回（基礎編・応用編）実施しています。1回あたりの研修の時間は3〜4時間で、知識の定着を図るためにワークも取り入れた研修となっています。定例の研修のほかに、「施工体制台帳の書き方研修会」など、特化したテーマで研修を実施することもあります。

> ・グループ会社間で人事異動が多い。
> ・支社ごとに毎年2回実施
> ・「基礎編」「応用編」の2種類をベースにしている。
> ・1回あたり3〜4時間で、ワークも取り入れている。
> ・「施工体制台帳の書き方研修会」などのテーマ特化型研修も不定期で実施

(2) F社の事例

　異業種から建設業に参入された企業です。建設業法の知識が全くない状態からスタートしていることから、毎年2〜3回、本社で建設業法に関する研修を実施しています。内容は、事前に関係部署と打合せをし、現在抱えている課題や不安などからテーマを決めて、「請負契約」や「配置技術者」などのテーマごとに実施しています。支店や営業所など、全国に何か所か拠点をお持ちですが、Microsoft Teams で各拠点をつないで実施しています。

・異業種からの参入で、建設業法の知識がない。

・本社で毎年 2〜3 回実施

・その時点で抱えている課題や不安などから研修テーマを決定

・「請負契約」や「配置技術者」など、テーマ特化型研修が多い。

・支店、営業所の従業員は Microsoft Teams で受講

これらの事例を参考に是非研修を実施してみてください。

●著者略歴

大野　裕次郎（おおの　ゆうじろう）

愛知県出身

2007年三重大学人文学部卒業後、株式会社名南経営（現：名南コンサルティングネットワーク）入社、名南行政書士事務所を兼務。2009年1月行政書士試験合格、同年10月登録。2015年行政書士法人名南経営を設立し、社員（役員）就任。

建設業に参入する上場企業の建設業許可取得や大企業のグループ内の建設業許可維持のための顧問などの支援をしている。建設業者のコンプライアンス指導・支援業務を得意としており、建設業者の社内研修や建設業法令遵守のコンサルティングも行っている。

著書『建設業法のツボとコツがゼッタイにわかる本』（共著・秀和システム、2020年6月）、『行政書士実務セミナー〈建設業許可編〉』（共著・中央経済社、2023年9月）

寺嶋　紫乃（てらじま　しの）

岐阜県出身

2014年1月行政書士試験に合格し、同年7月に行政書士登録。名古屋市の繁華街錦三丁目に紫（ゆかり）行政書士事務所を独立開業。飲食店営業許可や風俗営業許可など許認可業務を中心に様々な手続きを経験。

2016年1月ヘッドハンティングされ、行政書士法人名南経営に入社。建設業者向けの研修や行政の立入検査への対応、建設業者のM&Aに伴う建設業法・建設業許可デューデリジェンスなど、建設業者のコンプライアンス指導・支援業務を得意としている。

著書『建設業法のツボとコツがゼッタイにわかる本』（共著・秀和システム、2020年6月）、『行政書士実務セミナー〈建設業許可編〉』（共著・中央経済社、2023年9月）

建設業の立入検査 知識と対策ハンドブック　令和6年7月20日　初版発行

〒 101 - 0032
東京都千代田区岩本町 1 丁目 2 番 19 号
https://www.horei.co.jp/

検印省略		
共　著	大　野　裕　次　郎	
	寺　嶋　紫　乃	
発行者	青　木　鉱　太	
編集者	岩　倉　春　光	
印刷所	日　本　ハ　イ　コ　ム	
製本所	国　　宝　　社	

（営　業）　TEL　03 - 6858 - 6967　　E メール　syuppan@horei.co.jp
（通　販）　TEL　03 - 6858 - 6966　　E メール　book.order@horei.co.jp
（編　集）　FAX　03 - 6858 - 6957　　E メール　tankoubon@horei.co.jp

（オンラインショップ）　https://www.horei.co.jp/iec/
（お 詫 び と 訂 正）　https://www.horei.co.jp/book/owabi.shtml
（書籍の追加情報）　https://www.horei.co.jp/book/osirasebook.shtml

※万一、本書の内容に誤記等が判明した場合には、上記「お詫びと訂正」に最新情報を掲載
　しております。ホームページに掲載されていない内容につきましては、FAXまたはEメー
　ルで編集までお問合せください。

便利でお得な 定期購読のご案内

定期購読会員（※1）の特典

送料無料で確実に最新号が手元に届く！
（配達事情により遅れる場合があります）

少しだけ安く購読できる！
- ビジネスガイド定期購読（1年12冊）の場合：1冊当たり約155円割引
- ビジネスガイド定期購読（2年24冊）の場合：1冊当たり約260円割引
- SR定期購読（1年4冊（※2））の場合：1冊当たり約410円割引

会員専用サイトを利用できる！

割引価格でセミナーを受講できる！

割引価格で書籍やDVD等の弊社商品を購入できる！

定期購読のお申込み方法

**振込用紙に必要事項を記入して郵便局で購読料金を振り込むだけで，手続きは完了します！
まずは雑誌定期購読担当【☎03-6858-6960／✉kaiin@horei.co.jp】にご連絡ください！**

1. 雑誌定期購読担当より専用振込用紙をお送りします。振込用紙に，①ご住所，②ご氏名（企業の場合は会社名および部署名），③お電話番号，④ご希望の雑誌ならびに開始号，⑤購読料金（ビジネスガイド1年12冊：12,650円，ビジネスガイド2年24冊：22,770円，SR1年4冊：5,830円）をご記入ください。

2. ご記入いただいた金額を郵便局にてお振り込みください。

3. ご指定号より発送いたします。

（※1）定期購読会員とは，弊社に直接1年（または2年）の定期購読をお申し込みいただいた方をいいます。開始号はお客様のご指定号となりますが，バックナンバーから開始をご希望になる場合は，品切れの場合があるため，あらかじめ雑誌定期購読担当までご確認ください。なお，バックナンバーのみの定期購読はできません。

（※2）原則として，2・5・8・11月の5日発行です。

～ 関連書籍のご案内 ～

３訂版 建設業許可・経審・入札参加資格申請ハンドブック

塩田 英治 著	
Ａ５判　340頁	定価2,860円（本体2,600円＋税）

建設業の「許可」「経審」「入札」を１冊にまとめた唯一無二の書！

本書は、令和５年１月施行の経営事項審査の改正、請負金額要件の見直しなどの法改正を網羅、申請について詳しく解説しています。

著者は、長年、東京都より委嘱を受けて建設業許可および経営事項審査の窓口で相談員をしているため、他書や手引きでは書かれていない申請のポイントや、コラムを多数掲載しています。

改訂版 中小建設業の労務管理と経営改善

吉村 孝太郎 監修　太田 彰・江口 麻紀・増田 文香 共著	
Ａ５判　356頁	定価3,520円（本体3,200円＋税）

令和６年４月より建設業においても「時間外労働時間の上限規制」が適用！

技能者の高齢化進行・引退者増加にもかかわらず依然として若者の入職者が少ない建設業においては、労働時間管理を含む働き方改革を伴った経営をしていかなければ事業の継続が困難になります。本書は、そうした問題意識の下に、一人親方問題、技能実習制度改革、電子帳簿保存法、ワーク・ライフ・バランス等も含めて整理し、事業者の対応を解説しています。

建設業界の仕組みと労務管理
～2024年問題 働き方改革・時間外労働上限規制への対応～

櫻井 好美 著	
Ａ５判　256頁	定価3,190円（本体2,900円＋税）

本書は、建設業界に通じた社労士である著者が、建設業の労務管理の問題を正確に理解し、解決に向けて取り組むために必要な知識をまとめています。

「2024年問題」といわれる時間外労働の上限規制への対応、その先の「担い手確保」を実現させるために、建設業における労務管理の大前提がわかる１冊です。

７訂版 やさしい建設業簿記と経理実務

鈴木 啓之 著	
Ａ５判　388頁	定価2,420円（本体2,200円＋税）

簿記・経理業務の基礎から決算書の作成までをわかりやすく解説した「建設業簿記の入門書」！

一般企業の経理とは異なる建設業の勘定科目、Ｊ・Ｖ（ジョイント・ベンチャー）の処理等についても詳しく解説した実務担当者必携の1冊です。

また、令和３年４月から始まった建設業における新収益認識基準について解説。最新の法改正、建設業法施行規則の決算書様式などを網羅しています。

●書籍のご注文は大型書店、Ｗｅｂ書店、または株式会社日本法令特販課通信販売係まで

TEL：03-6858-6966　FAX：03-3862-5045